每一个发生都是金色的。

生命是一颗种子，

本身就蕴含着一个内在的成长计划。

像欣赏万物那样去接纳、

享受一个生命在不同时期的不同状态。

孕育完整人格

张丽红——著

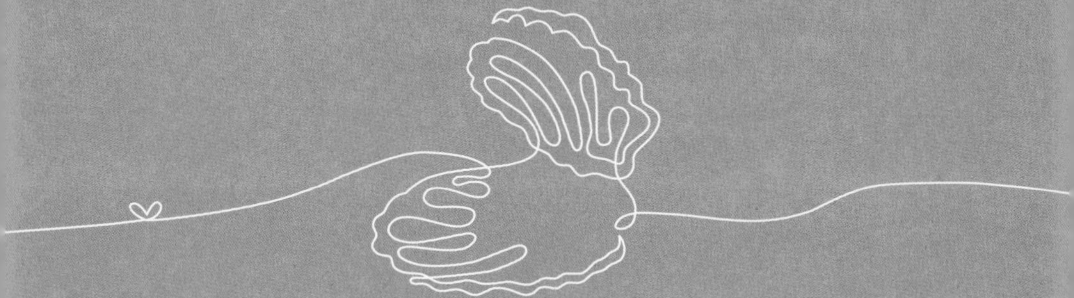

南方日报出版社
NANFANG DAILY PRESS
中国·广州

图书在版编目（CIP）数据

孕育完整人格 / 张丽红著. — 广州：南方日报出版社，2023.11（2024.3重印）

ISBN 978-7-5491-2757-3

Ⅰ. ①孕… Ⅱ. ①张… Ⅲ. ①儿童心理学—人格心理学—通俗读物 Ⅳ. ①B844.1-49

中国国家版本馆CIP数据核字（2023）第199309号

YUNYU WANZHENG RENGE

孕育完整人格

张丽红　著

出版发行：南方日报出版社
地　　址：广州市广州大道中 289 号
出 版 人：周山丹
策 划 人：柏昃霞
责任编辑：曹　星　刘淑桦
特约编辑：苏金璇　曾巧英　曹　霖
文稿统筹：苏金璇
责任校对：熊丽思
责任技编：王　兰
插画绘制：胡琼彦
装帧设计：李　健
经　　销：全国新华书店
印　　刷：湖南品悟纸品包装科技有限公司
开　　本：710 mm × 1000 mm　1/16
印　　张：19
字　　数：174 千字
版　　次：2023 年 11 月第 1 版
印　　次：2024 年 3 月第 3 次印刷
定　　价：78.00 元

投稿热线：（020）87360640　读者热线：（020）87363865
发现印装质量问题，影响阅读，请与承印厂联系调换。

一个人童年获得多少爱，
决定着这个人未来会长成什么样子。

现在，父母如果能够站在国际化的平台上看待教育，
未来，孩子就能够站在世界的中心创造生活。

当父母拥有绽放的生命状态时，
便可以引领孩子走向光明。

推荐序

这不是一本普通的书。

这本书的字里行间总是透着一份纯粹的爱，使我们在阅读时不知不觉已经置身于爱的包围中。书中一个个画面让人产生情感共鸣与爱的联结，让人体悟到爱不是一种教化，而是一种生命的美好体验。

所以，这本书是活的。

如何把家长的想法变成孩子内心的决定？丽红老师在书中告诉我们，我们很难通过简单的说教来让别人凭自我的控制力来改变自己，除非被教育的那个人有着非常强的自我觉知能力。如果一个人已经具有非常强的自我觉知能力，也许这个人就可以自我成长了。一个人内在世界的改变才是真正的改变，丽红老师关注的就是人的内在世界的成长。

内在世界的改变最好有相匹配的外在环境。大人相由心生，小孩心由相生。如果外在世界有匹配孩子内在世界的环境设计，那孩子的成长将是没有教育痕迹的，这就是不言之教。

外在世界是可以设计的，而内在世界的改变需要被理解，需要被看见。可觉知一个人的内在世界是非常不容易的。这本书的魅力之一是在内在世界与外在世界之间微妙转换，很艺术。这本书通过一个个案例告诉我们，我们的眼睛习惯性地往外看，却忽视了行为的内因，而爱是打开内在世界最好的方式，唯有真爱才真正有改变的力量。

爱加上身体、情绪、感觉、认知、心理与精神的六大基石，成了孕育完整人格的魅力核心。有了基于爱的底色，这本书的内容就具有了无穷的力量。书中的具体操作让人看到了希望，每一个案例都值得细细品味与思考。在思考时，不知不觉中已经打开了通往内在世界的门，触摸到了内在世界之美。

这本书有一种把人推向美好的心理与精神世界的力量。丽红老师是美丽的人，丽红老师的教育是蕴含了“美”这一理念的家庭教育。在这本书中，你将发现教育原来可以这么美。

感恩生命中的美好遇见。

林青贤（字：恒辰）

2023 年 10 月 18 日

序

我们是孩子成长路上的
支持者、协助者、引领者

前段时间，我去一个正在装修的幼儿园参观，当我看到幼儿园的衣柜的时候，立刻就着急了，我跟负责人说："这个柜子你要扒掉。"

为什么这么说呢？衣柜大约有 1.6~1.7 米高，如果小朋友进来在衣柜里放书包，或者是放他的衣服，是不是吃力的？是吃力的。如果老师给孩子准备一把凳子给孩子垫脚，凳子比较高，小朋友踩在上面就会增加安全方面的风险。对学校来说，安全应是第一位的。

那怎么办呢？我告诉他，要把柜子底下的鞋柜挪到另外一个位置，让柜子直接降低几十厘米，这样小朋友在放书包的时候，只需要踩一个矮一点的凳子，危险系数会降低。

如果不做这样的改变，假设班里有30个孩子，老师早上帮忙放一次书包和衣服，晚上再帮忙拿一次，一天就要重复多少遍呢？一个小朋友两遍，那一天就是60遍。假如小朋友中途要取零食的话，次数还会增加。老师的时间、精力就会耗费在这个事情上面，而小朋友在生活中就得不停地寻求别人的协助。

现在我们来设想一下，一个小朋友爬土坡，爬不上去，需要老师的帮助。怎么帮呢？一种方法是老师拉着小朋友的手，把小朋友拉上这个土坡，另一种方法是小朋友拉着老师的手。这两种方法最大的区别是：小朋友拉着老师的手，对于爬土坡这件事情，小朋友付出的就更多，承担的就更多。**家长和老师帮助孩子的时候，要使帮助最小化。**

做衣柜这件事也是一样的。我联系了这家幼儿园的投资人，我说："你要把衣柜降低，使帮助最小化，如果老师不需要帮孩子拿书包、放衣服，小朋友自己可以做，这样老师就解脱出来了，孩子也解脱出来了。"

不让老师做这些琐碎的事情，并不是想让老师躲懒，而是要让老师意识到，尊重并协助孩子长大，是我们教育最重要的目标。

孩子终究有一天会经由我们的协助走进他自己的生命舞台。如果他离开我们也能过得特别独立，那么就意味着我们的帮助成功了；如果他离开我们就没有办法生活，这就意味着我们养育孩子失败了，甚至我们的孩子可能会成为“啃老族”。

长大就意味着更能干、更独立、更能承担。

我在办小学的时候，会让一、二年级的孩子和一个男老师比赛搬砖。一、二年级的小朋友搬三四块就已经搬不动了，可是男老师能搬八块，甚至十块。

我问孩子们：“为什么这个老师可以搬这么多，而你们只能搬三四块？”

小朋友说：“那是因为老师是成人，我们是小孩。”

我说：“是的，老师长大了，老师是个成人。你知道什么叫作长大吗？长大就意味着更能干、更独立、更能承担。”

就这样给孩子建立“成长”的意识。

回到衣柜的问题，除了让负责人把衣柜做一些改变以外，我还说了，一定要给衣柜装上门，如果在放衣服等杂物的空间铺上木地板，整个空间看上去会挺漂亮的，可是如果衣柜里塞满衣服又没有柜门，一眼看过去衣服、鞋子各不一样，一个班级有 30 个衣柜，每个都杂乱无章，这时候就会感觉不舒服了。如果衣服叠得很平整还好一些，但是如果衣服都塞得乱七八糟的，整体会特别不美观。

为什么很多幼儿园的衣柜不装柜门？因为小朋友放衣服的时候，可能把书包往柜子里一塞，把柜门重重一关，柜门“咔”就关上，很响。频繁关柜门，柜门特别容易坏，就需要频繁维修。有时书包的带子还露在外面，像河蚌吐舌头一样，不美观。所以很多幼儿园就不在衣柜上装柜门。

但我个人觉得，如果我们在衣柜上装上柜门，就可以把让小朋友放书包这件事情变成一个教育的契机。**危机是危险加机会，所有危险或者是一个不满意的情景，其实都是我们教育的机会。**

我会故意把衣柜塞得凌乱的样子让小朋友看，看过以后，让他们记住这种感觉。接着把所有的衣服、书包都整齐叠放在里边，轻轻地关上，请小朋友再看这样的柜门，让小朋友感受这两个柜门带给他们的感觉是怎样的。

小朋友会说：“关上柜门会显得整齐、美观。”

这个时候，我们就可以向孩子们提出邀请：“是的，如果我们把柜门都轻轻地关上并且关得很平整，柜门就特别美观，最重要的是柜门也不容易坏，不给后勤叔叔、阿姨们增加工作量，小朋友把书包放在柜子里的时候，要把它关平整。大家看可以吗？”

小朋友异口同声地说：“可以的。”

老师说：“小朋友能不能做到？”

小朋友说：“能做到！”

但是“知道”和“做到”是两码事，现在小朋友仅仅是知道，“知道”和“做到”中间还隔着十万八千里。这个时候，我就会让老师在更衣室的门口多留意，当小朋友离开的时候，如果他的书包没有放好，书包的带子露在外面，老师就说：“抱歉，请你重新把柜门关好。”小朋友一看，就自己把书包的带子放进去。

无论提醒了多少遍，老师都要保持第一遍提醒时的态度：最大的温柔与慈悲。一周以内，老师都会平和地提醒小朋友，哪个小朋友忘了，就请他这样做。

一周以后，如果有小朋友再把衣服、书包的带子露在外面，老师就不会再提醒，而是看着他离开，等这个小朋友跑到户外玩得特别开心的时候，老师再去找这个小孩，告诉他：“孩子，很抱歉，请你跟我回教室。”

小朋友说：“为什么要回教室呀？你告诉我嘛。”

老师只是说："抱歉哦，请你跟我来。"

"抱歉"不代表老师做错了什么，而是你玩得那么开心，可是我要打扰你，我对此表示歉意。

小朋友不耐烦地跟着老师来到更衣间。

老师说："请你把柜门重新关好。"

小朋友立刻就知道老师为什么会叫他过来了，他可能会有些生气。等他把书包带子放好，把柜门关上，老师说："谢谢你的配合。"

小朋友可能会说："讨厌，烦人。"

老师就会说："是的，当你玩得那么开心的时候，老师要请你上来关柜门，真的会有些让人讨厌，对此我很抱歉。如果你在玩得很开心的时候，不希望老师打扰到你，那就请你把书包带子整理好、把柜门关好再出去玩，这样你就不会受打扰了。"

经历两到三次被打扰后，书包带子要放好、柜门要关平整这件事，会让孩子的身体有记忆，可能孩子下去玩的时候都会主动说："让我看一下书包带子有没有放好，柜门有没有关好。"

如果小朋友把柜门"啪"地重重一关，也要用这种方式。前面五天，谁要是关门关得很重，老师立刻请他轻轻地再关一遍。五天以后，老师就要到楼下去干扰他，请他回来轻轻关柜门。

这个过程可能需要五到十天，直到一个班级的小朋友都能做到把书包带放好，把柜门都轻轻关上。

这个过程就叫协助。

在这一过程中，我们赋予了柜门教育的意义，柜门就会成为养育孩子过程中的一个环境因素。把平凡的小事做扎实，让凌乱的柜门逐渐成为整齐的柜门，这个就叫“从知道到做到”。这样一来，我们就成了让孩子从“知道”到“做到”的协助者。

规则是在生活中养成的，而不是在教室里教导出来的。用一个历程让孩子养成一个习惯，而不仅仅是不停地教导。

在学校里老师这样做，那在家里，父母要如何协助孩子？孩子洗澡，你要不要对他有要求？洗完澡以后要把浴巾归位，要清洗的衣服放到洗衣筐里，干净的衣服带走挂到更衣间里。要把地简单拖一下，使用过水池后，要把台面擦干净，为另外一位家人的使用做好准备。

如果他做不到，依然可以采用“五到十天协助”的办法。前五天，当小朋友洗完澡一出来，你告诉他：请你这样，请你这样，请你这样……你甚至可以画一个表格告诉孩子，请他按照表格把所有事情处理好。协助五天以后，如果孩子还有没做到的部分，要等孩子去看电视或者玩耍的时候，请他过来做到。

我想，你现在能够明白什么叫作父母是最好的老师、家是最好的学校了。

我们爱自然生命力体系幼儿园有很多的伙伴园，伙伴园的负责人经常会说："丽红老师，你能不能给我们编一些教材？"你知道什么是教材吗？**你的孩子在幼儿园生活的点点滴滴就是幼儿园最好的教材。**

我这本书里的素材都是从孩子生活的点点滴滴中选取的。我希望父母通过这本书，能够懂得一些与孩子互动的方法，可以帮助孩子在爱的背景下建构孩子生命的方方面面，这样，我们就可以成为孩子生命中最大的支持者。

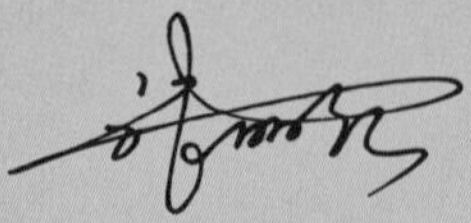

目 录

中篇　孕育完整人格六大基石　/ 064

上篇

什么是完整人格

完整的人格是一个人最舒展的状态。当一个人不骄不纵，不卑不亢，既不讨好也不回避，对生活好奇，对未知渴望，了解他人的同时也认识自己，便是一个有完整人格的人，一个能创造自身存在意义的人，一个具备了身体自由、有规则感、有创造力、有高认知能力、内心丰盛、精神高贵的人格特点的人。

第一章

在爱中孕育完整人格

一个人的人格特质由六大基石组成：身体的特质、情绪的特质、感觉的特质、认知的特质、心理的特质、精神的特质。这六大基石都需要我们在爱的背景下帮助孩子建构完成。

第一节

什么是完整人格

孩子出生的时候只是一个弱小的、需要扶植和照料的幼小新生命，直到有一天他成长为一个能干的、独立的、有担当的、强大的、有魅力的、有个性的、有创造力的、激情四射的成人为止，这段漫长的成长过程离不开父母的协助。

孩子的成长受学校教育、社会教育和家庭教育三大教育环境的影响。目前普遍认为，学校教育占 25%，社会教育占 5%，家庭教育占 70%。孩子越小，受家庭与学校的影响越大；孩子越大，受社会的影响就越大。这个比例是有浮动的，但无论怎样浮动，家庭教育永远在孩子成长的历程中占最大比例，学校基本上以保证认知的完成为主，生命成长的其他部分要由父母来承担。

父母们愿意倾其所有地爱孩子，竭尽所能为孩子付出，但养育孩子仅仅有“爱”，仅仅凭借好的意愿是不够的。有好的意愿，但方法错了，得到的结果可能也会跟你的意愿背道而驰！除了有好的意愿，还要有好的方法，才有可能得到好的结果。作为父母，我们花了多少时间、多少精力、多少物力、多少财力，一直在寻求最好的育儿方法，那到底什么才是有效的、系统的、完整的育儿方法呢？我们到底想要培养出什么样的孩子呢？

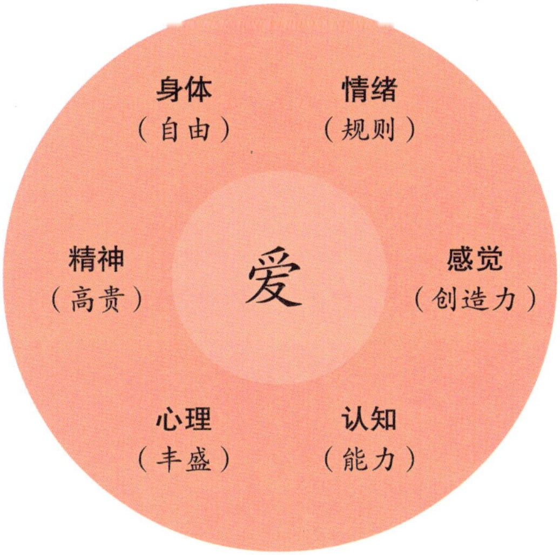

一个人的人格特质由六大基石组成：身体的特质、情绪的特质、感觉的特质、认知的特质、心理的特质、精神的特质。这六大基石都需要我们在爱的背景下帮助孩子建构完成。

身 体

身体自由的孩子，是一个有行动力的、不会因为身体发展滞后陷入被动的孩子。

身体发展滞后，会给孩子带来怎样的影响？有些小朋友学习写字，一不留神“如果”的“如”字就写反了，数字9能写成6。当你发现他写反了，你跟他说：“你看你多粗心呀！”那你可真冤枉了他，因为你也是有责任的，孩子出现这样的行为就是身体发展滞后导致的。

身体要发展离不开自由探索的环境，孩子出生后就积极地用身体探索世界，并在探索过程中逐渐发展身体。

有些孩子学写字能学得很快，说明这些孩子的父母的带养方式和老师的协助方式让孩子的身体在早期就得到了充分的发展。被构建好的身体会为孩子一生的学习和工作做好铺垫。

情 绪

每个生命里都有两种能量在相互较量，一种是正面的能量，一种是负面的能量，我们的情绪也有这样的特质，在儿童身上能够特别清晰地看到这一点：当孩子产生爱的时候，就会突然变得非常柔软、和谐、友善，但是当孩子愤怒的时候，就会显得非常暴戾。

情绪状态是判断儿童是否正常成长的标准之一，平和而喜悦的状态是保证儿童身体、情绪成长的前提。情绪长期低落的孩子，始终处在反复叠加的复杂情绪之中，与生俱来的情绪调节机制失效了。在持续的焦虑之中，他甚至会在潜意识中否定自己："是因为我不好。"这种低自我价值感甚至会延续到孩子成年之后，这意味着这个孩子将一直是情绪的奴隶，被情绪掌控。

建立规则感能有效帮助孩子管理自己的情绪。一个有规则感的孩子，有成熟的情感，不容易被情绪掌控，可以很好地表达自己的内在情绪、内在自我。规则就是把负面隐去，让孩子的情绪能够在一种和平的、文明的、有秩序的环境中建构。当规则建立，孩子们很快就会在一种非常平静的、友善的、和谐的环境中生活、工作。和谐的环境能让孩子无限地去发展他的注意力，不和谐的环境则容易使儿童陷入纷争中。

感觉

感觉是很容易被家长忽略的，但是它又很重要。为什么要发展感觉？因为感觉跟孩子的创造力有关。一个有创造力的孩子，拥有惊人的感受能力，他能不断感知外在复杂多变的事物，感受世界的美好与奇妙，也能内观自己内在的世界，感知这个世界上独一无二的自我，而没有感觉的孩子往往会很迟钝。

举个例子，如果孩子问“什么叫麦浪”，大部分家长会怎么回答？“孩子，你见过波浪吧？风吹过水面，水就会形成波纹，这波纹就叫波浪。麦浪和波浪的形成过程是一样的，只是麦浪是由麦穗形成的。”这就叫作用概念解释概念。这时麦浪对于孩子来说仅仅是一个概念、一个认知而已，不那么鲜活。

有一个文学工作者在古诗词上面特别有造诣，她的回忆录里有这样一件事：

有一天她问爸爸：“爸爸，什么叫麦浪？”她的爸爸没有解释，而是直接骑了一个多小时的自行车带她到北京郊区的麦田旁。当时正好是收麦子的季节，她站在麦田边感受风吹过时哗啦啦的响声、田野里散发的清香、麦穗起伏的姿态……这一切构成了麦浪这个概念。过了一会儿，她爸爸说：“看，这就是麦浪。”

此时“麦浪”这个概念对于这个孩子来说就是鲜活的，她只有触摸到这个鲜活的概念，才能把它运用得更好。

认知

大部分父母最重视孩子的认知，因为孩子的认知决定着孩子的能力。一个有认知能力的孩子，他的头脑永不停止对真理的追求，他的分析、归纳、推理、逻辑能力也是极强的。

美国著名作家海伦·凯勒在很小的时候就成了盲聋人，虽然她在生活中获得了感知觉的经验，可是因为她看不见、听不见，生活中累积的感知觉的经验就成了相对独立的系统，老师和父母教给她生活中的各种概念，如水、草、树等，对她来说是另外一个完全抽象的系统。她无法把生活中的感知觉经验和生活中的概念配对上，认知也就出了问题。她没有办法建立自己的认知系统，也无法准确表达她接触到的东西。她变得脾气暴躁，常常扔东西，也感觉不到现实生活中的“爱”。

一个偶然的机会，海伦·凯勒的家庭教师把她带到水井房，让水流从海伦·凯勒的一只手上一遍又一遍地流过，又在海伦·凯勒的另一只手上一遍又一遍地写“水”的英文单词，帮助海伦·凯勒将水和她当下的感觉配对上，海伦·凯勒因此说出了人生中的第一个单词。之后，她跟着家庭教师体验了不同的事物，克服了种种苦难，最终成了著名作家。

这位家庭教师遵循了儿童的认知规律，让一个盲聋的孩子恢复天性中的对事物产生兴趣的倾向，而这种倾向正是认知的开端，也是教育的开始。

心 理

一个内心丰盛的孩子，有复杂的内心世界，能主动接纳内在和外在的世界。

我遇到过一个小男孩，整天过得浑浑噩噩，找不到未来的方向，暴饮暴食之后，体重也随之增长。他爸爸妈妈持续学习了大概一年以后，不再管制自己的孩子，而是给孩子创造一个放松的环境，这个小孩的心态开始转变。一段时间过后，他通过持续健身变成了一个非常帅气儒雅的小伙子。有一天，他健身之后，拍下自己的健身照片发朋友圈，并配文“心静方能生慧”。这是在心理层面改变了的孩子才会有的举动，这个举动意味着这个孩子开始接纳自己、接纳世界了。

精神

曾经有一个小孩给我讲笑话：“有一个人上山去找另外一个人，他‘咚咚咚’地敲门，屋主‘砰’地把大门推开了，结果发现外面什么都没有。过了几天，屋主下山的时候，在路上看到了那个人的尸体，原来是几天前屋主开门用力过猛了，把那个人撞下山去了。”

讲完之后，他说：“老师，你还想听吗？我还有很多这样的笑话。”这个笑话幽默吗？不幽默，还挺暴力的，但这个孩子挺喜欢的。

也有孩子很小的时候就可以写这样的诗歌：“爸爸、妈妈就像太阳，我就像一棵小草，小草的成长需要阳光。它滋养我，但有时也会把我晒伤，所以我要拥抱它，但有时还要涂上厚厚的防晒霜。”

还有一个小朋友写向日葵：“妈妈，感谢您，您就像向日葵一样把我举向太阳，希望我快快长大。您还告诉我呀，太阳在哪里，希望就在哪里，光明就在哪里，温暖就在哪里。妈妈，我想告诉您，您在哪里，爱就在哪里，幸福就在哪里。”

这就是精神层面高度不一样的孩子的表述方式。

一个人的精神发展起来，他就会变得高贵。一个精神高贵的孩子，哪怕处在琐碎、压抑的环境之下，也能直面风雨，扶摇而上。

精神世界自由的孩子，才是一个真正自由的孩子。

也许你会问，儿童成长过程中，身体、情绪、感觉、认知、心理、精神这六大基石到底哪一个更重要？这好比我问你一个问题：“你的五个手指头到底哪个更重要？”有人说食指，有人说拇指，但其实无论哪一个手指头都没有五个手指头协作能做到的事情多。

当孩子能在爱的背景下和自己的身体、情绪、感觉、认知、心理、精神相联结，形成一个内在的完整的系统，这样的人会是一个有爱的、有力量的、顽皮的人，一个具备完整人格的人。

什么是完整的人格？完整的人格是一个人最舒展的状态。当一个人不骄不纵，不卑不亢，既不讨好也不回避，对生活好奇，对未知渴望，了解他人的同时也认识自己，便是一个有完整人格的人，一个能创造自身存在意义的人，一个具备了身体自由、有规则感、有创造力、有高认知能力、内心丰盛、精神高贵的人格特点的人。

第二节

人的生命是在自我学习中完整起来的

父母都希望自己的孩子长大以后有敏锐的直觉，在从事的领域有很好的应对能力，可以更灵动、更有创造性。这是我们对孩子深深的爱和祝愿。

那我们应如何养育孩子，让孩子怎样发展，才能让他们在成年以后拥有这样良好的生命状态？

思考一下，给婴儿吃苦的食物，他们的反应是怎么样的？他本能就厌恶，因为他在用他的基础感觉品尝食物。

为什么人类会对苦的食物感到厌恶？因为

早期人类生活在原始森林里，原始森林里凡是有毒的作物大部分是苦的，凡是高热量、能够让我们很好地活下来的食物基本上是甜的。厌恶吃苦的东西是人类的一种本能。虽然孩子才刚出生，但是他已经有了发现世界、了解世界、感知世界的最基本的系统，也就是感知系统，并用基础的感觉来保护自己。

我们把人类生存的过程中感知自身所处的外部环境的能力，叫作感觉。

脑科学这样描述感觉：出生的时候，儿童大脑的感觉系统就已经成熟了。他们用自己基础的感觉来发现这个世界，依靠感觉，儿童不断被内在环境与外在环境触动、打开、感觉、发展，然后再次触动、打开、感觉、发展，来丰富自己的内在世界，完成一轮又一轮新的认知。**儿童的学习是使用外在和内在的环境创造自己、感觉自己，是生命层面的学习。**

基础感觉指的是五种感官的知觉能力，包括视觉、听觉、味觉、嗅觉、触觉，而内在感觉则是指心理和情感层面的感觉。

随着孩子的成长，经由五种最基础的感觉，上升到心理和情感的内在感觉，再经由内在感觉，等到无数的感觉可以打开更深层的世界，让人能触摸事物的本质，越来越接近本质的边缘，这时候感觉就上升为直觉、灵感和创造力。

有个婴儿坐在小床里，小床四周有围栏，围栏的外面有一条毛巾，毛巾的一端在围栏的里面，另一端在围栏的外面，毛巾上面有一个可爱的娃娃。婴儿隔着围栏远远看到有一个娃娃，他想拿到那个娃娃，但他不知道该怎么办，他就开始计划。懵懵懂懂、有意识无意识之间，孩子开始实施他的计划，他慢慢拉动那条毛巾，结果娃娃一下就掉了下来。

如果是一个成年人好不容易把娃娃拿到身边，结果娃娃掉了，我们会怎么样？会瞬间捡起这个娃娃。但是当这个婴儿把娃娃拉到围栏旁边，娃娃掉在了地毯上时，他的反应是什么？他把手放到了嘴巴上。在成人眼里，他好像是在发呆，懵懵懂懂，过了一阵子他才拿起这个娃娃。

此刻在这个婴儿的世界里发生了什么？这件事能带给我们哪些认知？

第一，孩子发呆是为什么？

孩子把娃娃拉过来，结果娃娃掉在了地毯上。对孩子来说，其实他全然不知道会发生这一切，所以他把手放在嘴巴上，他正在把刚才发生的一切重新感觉一遍，从而内化到自己的生命里，成为他新的经验与认知。儿童就是这样通过不断生活、不断探索，产生无数个意识的碎片，并在生命里不断滋长、不断累积、不断重复这些碎片，从而获得成长。

第二，为什么儿童的动作总是这么慢？

如果是成人会立刻拿起娃娃，但是婴儿看到娃娃掉到了旁边，要发一会儿呆才会拿起娃娃。这是因为儿童在内化刚才这些意识碎片的时候，需要时间和空间来统合、整理。儿童一边行动，一边感觉和整合，所以他们的动作总是那么慢。这就是为什么有些人把养育 6 岁之前的孩子称为“带着蜗牛去散步”。

第三，养育孩子的过程中，要避免干扰。

如果是一位不太了解儿童发展过程的抚养人在带孩子，

看到孩子好不容易把娃娃拿到了身边，会有怎么样的反应呢？他可能会说：“快点快点，孩子，看，娃娃都到手边了。你好聪明啊！”或者直接把娃娃拿起来递给孩子。其实这种无意识的帮助就已经干扰了孩子的成长。越小的孩子越需要成人保证其有一个独立的、不受干扰的空间来面对和处理这些无意识的碎片。

第四，感觉是发现的智慧。

在我们成人看来，孩子在发呆的过程中好像没有发生什么，但其实这个孩子内心也许是跌宕起伏、汹涌澎湃的，只是我们成人不知道而已。在成人看来，这就是微不足道的小事，但是对这个柔弱的婴儿来说，刚才这一幕是惊心动魄的，是一个全新的体验，也是一个全新的发现。

就像如果有一天你到了火星上，火星上一件普通的事情对你而言也会像发现了新大陆一样，你就会说：“原来是这样的呀！”

一个婴儿也是这样，刚才这个过程对于他来说是全新的体验。当儿童把那些惊心动魄的东西整合了以后，接着就会派生出宁静和喜悦。儿童发展就会派生出喜悦，但如果你不让他们发展，让他们坐在那里什么事都不做，他们就会痛苦、无聊，就会派生出焦虑。

第五，感觉是认知的基础。

如果让孩子经历这种感觉历程三次以上，这个孩子会不会等到娃娃到手边了，还坐在那里发呆、懵懵懂懂？可能他把娃娃拉到身边后，瞬间就把娃娃拿起来了，因为这个历程他已经熟悉，完全整合、内化到生命里面去了，“娃娃掉了可以直接捡起来”就成了他的认知。

第六，什么是儿童的学习？

儿童的学习和成人的学习是不同的。从某种意义上来说，儿童从出生就在学习，而我们成人的学习更趋向于学习书本知识。儿童的学习是使用外在和内在的环境创造自己，是生命层面的学习。

有些小朋友会模仿扫地机器人，很多成人看到的时候会觉得孩子在做一些无聊的游戏，但恰恰儿童就是经由这种方式来学习。他们用自己的眼睛观察，用自己的耳朵倾听，用自己的身体模仿机器人，借此来了解扫地机器人，然后“扫地机器人”这个概念就成了他的认知。如果你让一个儿童坐在小椅凳上，经由口头表述的方式告诉他扫地机器人是什么样的，他是没有办法理解的。他必须一遍一遍地模仿、触动、打开、内化、整合，最后完成对扫地机器人的认知。

儿童就是这样依靠感觉，借助内在环境与外在环境，不断被内在环境与外在环境触动、打开、感觉、发展，然后再触动、打开、感觉、发展，来丰富自己的内在世界，完成一轮又一轮新的认知，为未来的学习和生活打下基础。**人的生命就是在这样不断自我学习中完整起来的。**

许多家长试图解决孩子身上某些让他们困惑的具体的问题，比如学习不专心、成绩差、手机上瘾……你如果想真正解决问题，你必须了解孩子成长过程中的规律，必须知道我们以及我们的孩子背后都缺失了什么、需要在哪里做工作，而这些都是需要深入学习才能明了的事情。

举个例子，一颗种子总有一天会长成一棵参天大树。如果我们是园丁，那在种子长成参天大树的这个过程里，每一个环节我们需要为小树做什么、提供哪些支持就是我们需要学习的东西。

我们必须知晓，养育一个孩子要等待，要按照节奏来。

很多爸爸妈妈会说："我等不起。"

你再等不起，你都要守望生命，陪伴成长，不要着急。如果你知道一颗小种子是怎么变成参天大树的，知道一个婴儿是怎么成为一个成熟的、有担当的、能干的、极具潜能的成人的，你就能等得起了。我们之所以说等不起，是因为我们不知道这些。只有知道了儿童成长的规律，知道每一步成长的特点是怎样的，我们才能最大限度地支持孩子。

很多父母在养育孩子的时候，孩子如果是 3 岁，就关注 3 岁；孩子上幼儿园，就关注幼儿园这个阶段；孩子上小学，就关注小学这个阶段；孩子上中学，就关注中学这个阶段……**但成长是连续性的，我们必须花费时间来研究这个历程里的所有规律。遵循孩子的成长规律，就是尊重自然法则，这样的教育就是符合道的教育。**当我们能够尊重孩子的成长节奏，用符合道的教育来对待孩子的时候，我们就善待了我们的孩子。

善待我们的孩子，就是善待我们的明天。**我们给孩子一个金色的童年，孩子会还给我们一个金色的未来。**

第三节

在爱中发展完整人格

如果我们想感受完整的爱，就需要投入深刻的承诺和练习，去练习抱持、打开、联结、接纳、欢迎……有技巧地和生命中每一个存在的到来互动，和我们的孩子互动。

——吉利根博士《爱的勇气》

如何培养具备完整人格的孩子？父母在儿童成长过程中给予的爱护和关心，是养成孩子完整人格的关键。

有些父母很着急：“丽红老师，如果我这样培养我的孩子，他成长起来会不会比别人慢一大截？”

成人的时间是用来珍惜的，儿童的时间是用来浪费的。

一棵小树苗未来要不要抗风雨？要抗风雨的。可是你不会对小树苗说：“反正你以后要抗风雨，那你先去熟悉如何抗风雨吧！”然后直接把小树苗移植到外面的世界。小树苗的根茎还没有扎到土壤里，你让它自行发展，它可能会被风吹倒，或者直接枯死。

孩子也是这样，虽然孩子未来也要适应社会的压力，可是6岁，最晚8岁之前，我们要把孩子保护起来，让他像小树苗一样，根茎在土壤里扎得深一点、再深一点。生命不求完美，只求完整，等他们把自己建构得非常成熟与完整，他们未来就可以去承担成人世界竞争的压力、生存的压力了，而且这样的孩子会更有优势、更有竞争力、更强大。

同时，只有把自我建构的机会还给孩子，他们的能力才能得到发展。自我建构是自我发现、自我总结、自我提炼的能力。在孩子整个成长过程中，无论是学习还是生活，尽可能给孩子充足的时间，让他们自己去完善。

一个孩子在童年时期获得爱的多少，决定着孩子未来的灵动程度。

一个孩子从出生到逐渐认识外在世界、创造自我，需要用漫长的 18 年来完成。0 至 12 岁是生命唯一可以均衡发展的时期，如果我们能在孩子 12 岁前，在他的生命的源头做工作，就能避免很多问题。孩子的生命状态以及对外在世界如何理解和认识，都取决于获得爱的多少。爱会使一个孩子充满勇气地去成长，从而逐渐创造一个完整的人生个体——自己；爱也使孩子充满了对外在世界的探索欲，获得顽皮、轻盈的人生状态。

爱是孕育儿童完整人格的土壤，完整的人格是要在爱的前提下孕育的。

怎么来理解这句话呢?

2000 年左右，有一位小学老师被分配去管理全区考试成绩倒数第一、有很多“熊孩子”的班级。她接管班级之后，自行车气门芯经常被人拔掉，也不知道是谁干的。

有一天，她轮值去巡视工作，下楼的时候听到“扑哧”一声响，她赶紧走过去，一看：班级里的几个“熊孩子”

正在拔她的自行车气门芯！孩子们一看自己的班主任来了，紧张得很——气门芯还在手里呢，扔都扔不掉。

老师火冒三丈，但她知道发火也没用，于是她深呼吸，调整好情绪，戴上了自己的“面具”——半个“佛陀式”微笑。

她笑着对那几个“熊孩子”说：“嘿，好不好玩？”小孩疑惑了，他们以为老师会严厉批评他们，结果老师问他们“好不好玩？”他们更紧张了，眼睛瞪得老大。老师接着说：“那老师也拔一个！”老师走到一辆自行车跟前，“扑哧”一声拔掉了气门芯，轮胎瞬间瘪了下去。

老师说：“好玩儿，难怪你们天天拔老师的自行车气门芯。”

老师在做什么？她在做两件事：第一，告诉孩子们，拔老师自行车气门芯不是你们不好，而是因为这件事太好玩了，这样孩子们就没了压力，轻松了很多，让孩子轻松是很重要的；第二，表示老师已经知道，最近一段时间老师的自行车气门芯频繁被拔掉，都是你们这群“熊孩子”干的。

很多孩子自己承认了：“老师，我就只拔了一次。”

这样老师会很快知道是谁干的。

接着老师说："来，孩子们，我们把这些自行车气门芯都拔掉。"

孩子们一听可开心了，都跟着老师"扑哧，扑哧"地去拔自行车的气门芯。不到10分钟，自行车轮胎全瘪了下去。

老师说："孩子们，玩归玩，咱们不能给别人添麻烦。去，借个打气筒，把这些自行车轮胎都装上气！"

当孩子们在放松状态下，这句话就会"哧溜"一声进入孩子的生命。现在你知道这位老师为什么先让孩子们放松了吧？老师让孩子们去借打气筒，你们猜孩子们会不会生气？不会！不仅不会生气，他们还会很开心。

孩子们一溜烟都跑去借打气筒了。回来后他们一边打气一边说："老师，你看，可以了吗？"

老师走过去故意捏捏轮胎："嗯，还差一点点。"

拔容易，装费力，拔气门芯只需不到10分钟，装气要1个多小时，有时一个无心之举，可能给别人添巨大的麻烦，这也是这一过程中老师试图教给孩子们的。

生命只有基于被爱才愿意变得顺从，生命只有基于被爱才愿意改变，生命只有基于被爱才愿意变得更美好。

如果这位老师教的是语文，孩子喜不喜欢语文？如果这位老师教的是数学，孩子喜不喜欢数学？如果这位老师教的是英语，孩子喜不喜欢英语？如果这位老师是一位母亲，孩子热不热爱生活？

好的老师、好的父母、好的教育工作者首先要具备有爱的、有力量的、顽皮的三个特质，这样我们的人格才是完整的，我们才有可能孕育出具备完整人格的孩子。

这就是为什么孕育完整人格要在爱的背景下帮助孩子建构身体、情绪、感觉、认知、心理、精神。教育的本质是唤醒孩子内在的真善美，而爱就彰显着最大的善。离开爱就没有真正的教育。

第二章

用爱开启孩子丰盛人生

爱是生命的土壤，爱是生命的阳光，爱是生命的一切。“爱”指向和描述内在的、生命的、心灵的世界，是生命和心灵世界中的一种至高无上的感觉。爱可以开启一个人生命的潜能；爱可以让生命变得更柔软、美好，极具创造力；爱可以赋予别人力量。

第一节

当阳光洒在绿叶上，这就是爱

什么是爱呢？让我们思考三个话题：

第一，植物长大需要什么？

第二，动物长大需要什么？

第三，人类长大需要什么？

植物长大需要阳光、水分、土壤、空气、温度、湿度等，动物长大除了植物长大需要的东西以外，还需要妈妈的照料，越高级的动物越需要妈妈的照料。就像倭黑猩猩，出生后如果妈妈不照料，幼崽是没办法活下去的。那人类长大呢？除了动植物长大所需要的东西外，还需要妈妈不仅要像动物妈妈一样照顾孩子的身体，

还要关注孩子的心理，这也是人类父母和动物父母的本质区别。

心理学家华生曾提出这么一个观点：孩子对爱的需求其实就是对食物的依恋，在孩子还在婴幼儿期时，只需要满足他们的吃喝拉撒就可以了。同时父母心要狠一点，对待孩子尽量不要亲吻和拥抱，不要让孩子依恋你，孩子们依恋父母不利于他们独立。

他用这样的观点养育了他的孩子，结果，他的三个孩子在成年后都出现了不同程度的心理疾病：大儿子得了严重的抑郁症，三十岁的时候选择了自杀；二女儿酗酒，曾多次自杀未果；三儿子则流浪街头，基本的生活需求都无法自行满足。华生的理论到底缺失了什么，导致他的三个孩子都走向了悲惨的结局？

几十年后，心理学家哈洛为了反驳华生的观点，为了证明孩子对爱的需求不只是对食物的需求，用几千只恒河猴做了大量的实验（恒河猴大部分的基因和人类的基因接近）。他用钢丝做了个铁妈妈，用绒布做了个布妈妈。铁妈妈中间有个奶瓶，虽然抱上去不舒服，但是铁妈妈可以提供食物。布妈妈抱起来很舒服，可是无法提供食物。哈洛把布妈妈和铁妈妈放在一起，观察小恒河猴要吃食物时的反应。

他发现，小恒河猴一般不接近铁妈妈，除非它要吃食物了。这时它会一只脚钩住布妈妈，然后把头伸到铁妈妈那边，吃奶瓶里的食物。

哈洛推测：布妈妈不能提供食物，但是可以满足小恒河猴拥抱、触摸和对母亲依恋的心理需求。铁妈妈虽然可以提供食物，但是没有办法满足小恒河猴拥抱、触摸和对母亲依恋的心理需求。可见，小恒河猴对母亲的依恋要大于对食物的依恋。

为了继续验证这一点，哈洛又做了一个可怕的怪物机器人，然后把怪物放进实验室。当小恒河猴极度恐惧的时候，它会怎么做？它死死地抱住布妈妈，不去抱铁妈妈。

一个冰冷的母亲虽然能给孩子提供食物，但不能给孩子

带来依恋，带来依靠，带来安全感，带来温暖。一个柔软的、可触摸的、可拥抱的妈妈，对新生命来说太重要了！母亲性情不稳定、对孩子严厉，对孩子的一生来说几乎是灾难性的。因为0到3岁的孩子最依恋的是母亲。当孩子三四岁走向父亲的时候，人生最艰难、最柔弱的时光已经过去了。对于新生命来说，柔软、可拥抱、有爱、有力量又顽皮的父母是最好的父母，但如果爸爸妈妈必须有一个人严厉的话，宁可是父亲也不能是母亲。

接着哈洛又做了一个实验。他把一只小猴子放进一个只有铁妈妈的陌生环境里，即使小恒河猴很紧张，它也坚决不靠近铁妈妈。然后哈洛又把小恒河猴放进一个有布妈妈的陌生环境里，小恒河猴快速奔向布妈妈，并在布妈妈身上不停地摩擦。通过这种行为累积越来越多的安慰和依恋以后，小猴子开始放松了，恐惧和不适开始消除，等它在布妈妈身上玩够了，它就开始去玩旁边的跷跷板、地上的球，开始探索外在的环境，与外在环境互动。

这多像我们的孩子，一个刚刚会走路的孩子，离开母亲的怀抱，爬到几米之外的草坪玩耍，突然出现一条小狗“汪”

地一叫，孩子吓坏了，赶忙爬向母亲，在母亲怀抱里哭泣。他会哭三天三夜吗？不会，他会哭一会儿，然后在妈妈的怀抱里吮吸几口母乳，在妈妈身上蹭来蹭去，爬上爬下，把眼泪鼻涕都抹在妈妈身上，接着又向远处爬行。

如果你的孩子把鼻涕蹭在你身上，在你身上爬上爬下，你不愿意让他靠近你的身体，或者他抱着你时你都感到很烦躁，那是因为你和你母亲的关系出了问题。当你的孩子长大了，有了孩子，他的孩子一抱他，他也会有异样的感觉，会感到烦躁。

我们不要认为爱的能力是天生的，**爱的能力就像一粒种子一样，要用爱孵化、唤醒才能生根发芽**。我们只有练习爱，才能具备爱的能力。

孩子该在你怀里哭泣，你就让他哭泣；该把鼻涕蹭在你身上，你就要让他蹭在你身上。孩子通过在你的怀抱里累积安慰、依恋，然后才能获得安全感。

一个生命必须在安全的、放松的状态下才会拿出所有的注意力去探索外在的环境，通过探索外在的环境来建构自己内在的世界。

哈洛的实验让我们知道，对于孩子来说，爱的源头来自温暖的接触，而不是食物。换句话说，我们在养育孩子的时候，不能只满足于让孩子吃好、喝好、不生病，而要关注孩子的内心世界。可多少父母都是以这样的方式养育孩子生命的头六年！孩子的头六年是生命发展中至关重要的时期。连恒河猴都需要温暖的拥抱和接触，都需要对母亲的依恋，更何况我们人类。

有些人说："老师，你跟我谈'爱'这个话题，我觉得爱就像空气，看不见，摸不着。"

是的，爱这个内容就跟感觉一样，太抽象了。但是你知道吗？**爱可以让一个人意识到自己是独一无二的生命力的彰显，可以开启生命的潜能，可以让生命变得柔软、美好并极具创造力。**

有一个孩子问我："老师，什么是爱？"

我说："当阳光洒在绿叶上的时候，那就是爱。"

阳光洒在绿叶上，阳光有没有寻求绿叶的回报？没有。阳光洒在绿叶上，阳光有没有枯竭？没有。爱是给予，是不求回报的付出。你爱别人的时候，如果你枯竭了，这就不是爱。若你的爱能经由你流向别人，那你必定是一口清泉。

第二节

爱是人类的底层需求

我曾经给一个贫困家庭的姐弟俩做心理辅导。这姐弟俩的爸爸有精神病史，时不时有暴力行为，他们的妈妈承受不了家庭暴力，在孩子很小的时候就离家出走了。有一天爸爸发病了，用叉子伤害姐弟俩，姐弟俩从窗户逃了出去。在民警的协助下，他们把爸爸送进了精神病医院。等处理完这些事情，已经是半夜 12 点了，可是我不放心，还是想见见受伤的弟弟。

当我推开门的时候，看到男孩蜷缩在被窝里，眼睛被打得乌青，耳朵被叉子叉烂了，还在滴血，我本能就要流眼泪，但是职业精神告诉我，我不可以流泪。

我调整好自己的状态，坐在小男孩对面，我说："小伙子，你知道阿姨为什么这么晚还来见你吗？"

小男孩根本不理我。

我接着说："我知道爸爸有的时候控制不了自己的情绪，会做出伤害你和姐姐的事情，但是在这种情况下，你依然给爸爸做饭、洗衣服，一个15岁的男孩能做到这些真了不起！所以从某种意义上来说，我并不是来见一个普通的小男孩，我是来见一个伟大的、了不起的小男孩的。"

这么一说，小男孩瞬间就从被窝里坐了起来。

我立刻伸出手说："嘿，小伙子，我叫张丽红，你可以叫我丽红老师。"

这个小男孩也伸出手说："阿姨你好，我叫李某某，很高兴见到你。"

大家看到这个男孩的变化了吗？此刻他处于一种放松的、自信的状态中。但是如果我们不了解这些，一见到这个小男孩，立刻本能地、心疼地说“哎哟，你看这耳朵，你看这眼睛，真是作孽啊，来来来，阿姨带你看病去！”，这个小男孩会怎样看待自己？他会觉得自己是天底下最惨的人。

萨提亚女士认为：我们在大海上航行，远远地看见一座

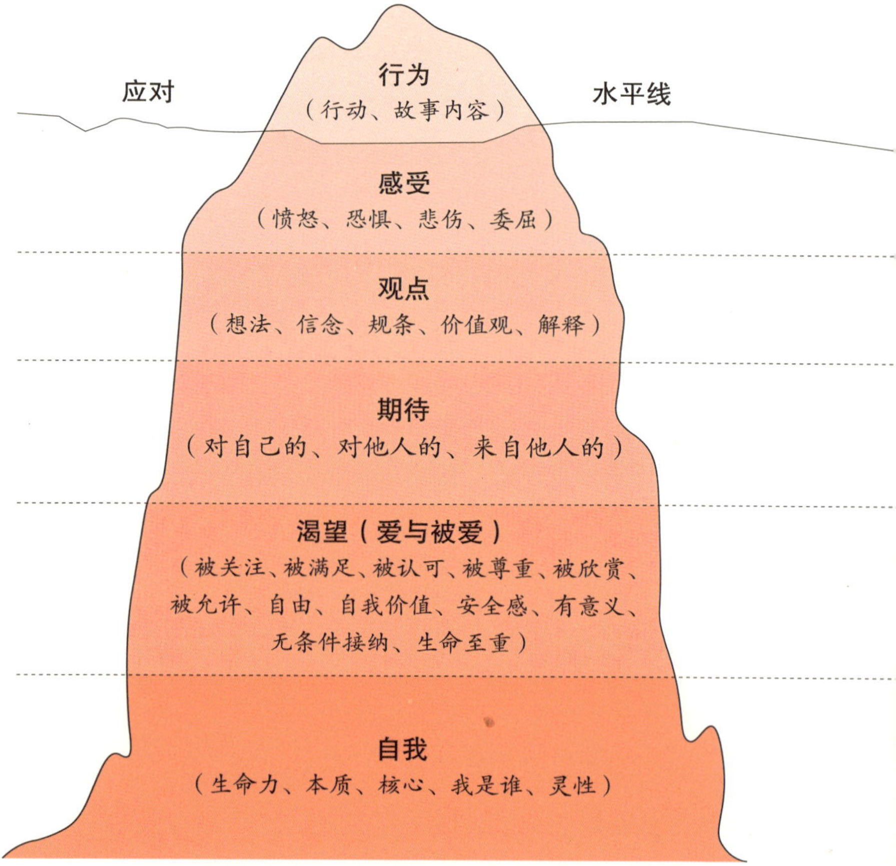

冰山，如果你以为冰山只有那么大，那你就大错特错了，因为冰山庞大的山体在水平面以下。在大海里航行时，你只看到水平面以上。你看到的冰山并不是真正的、完整的冰山，它庞大的山体是在水平面以下。人也是这样，每个人都有内在的世界和外在的世界，就如冰山一样。以跟前面那位父亲有精神病史的男孩互动为例，我简单阐述一下这个知识点：

一个男孩蜷缩在被窝里，眼睛被打得乌青，耳朵被叉子叉烂了，身上还有一些血迹。

他有哪些感受呢？沮丧不沮丧？悲伤不悲伤？痛苦不痛苦？害怕不害怕？自卑不自卑？

他有哪些观点呢？“我是悲惨的吗？我是糟糕的吗？我是可怜的吗？……”

他有哪些期待呢？他对父亲的期待是什么？不要发脾气，不要犯病。他会对自己有期待吗？他期不期待自己快点长大？期不期待自己快点逃出去？

他有哪些心理需求呢？他渴不渴望被关注、被满足、被认可、被尊重、被欣赏、被允许、自由、自我价值、安全感、意义、被无条件接纳……？

一个人表面上做了一件事情，但是影响并决定这个人做这件事情的是这个人的潜意识，也就是冰山在水平面以下的部分。

当这个 15 岁的男孩蜷缩在被窝里，他有这样的感受：沮丧、悲伤、痛苦、害怕、自卑；他有这样的观点：我是悲惨的、我是糟糕的、我是可怜的、世界看起来是没有希望的；他有这样的期待：爸爸不要发脾气，不要犯病，期待自己快点长大；他的渴望层面里的安全感、被关注、被欣赏的需求统统都是缺失的。

有一句话叫“人逢喜事精神爽”。能量层级图上，喜悦的能量是多少？ 540。而抑郁状态的人是悲伤的、冷淡的，觉得世界看起来没有希望的，能量在 50—75，是很低的能量。处于这一层的人生命在很低的维度，可能他到咨询室会说：“老师，我不想活了，可是我又怕我妈伤心，可是活着好累、好痛苦呀……”

状态的差异就是能量的差异，抑郁状态好比水温过低结成了冰，喜悦好比水持续加热变得沸腾。

当这个 15 岁的孩子蜷缩在被窝里，他的能量其实已经在很低很低的维度里，生命处于“结成冰”的状态。

但我对这个孩子说：“我知道爸爸有的时候控制不了自己的情绪，会做出伤害你和姐姐的事情，但是在这种情况下，你依然给爸爸做饭、洗衣服，一个 15 岁的男孩能做到这些

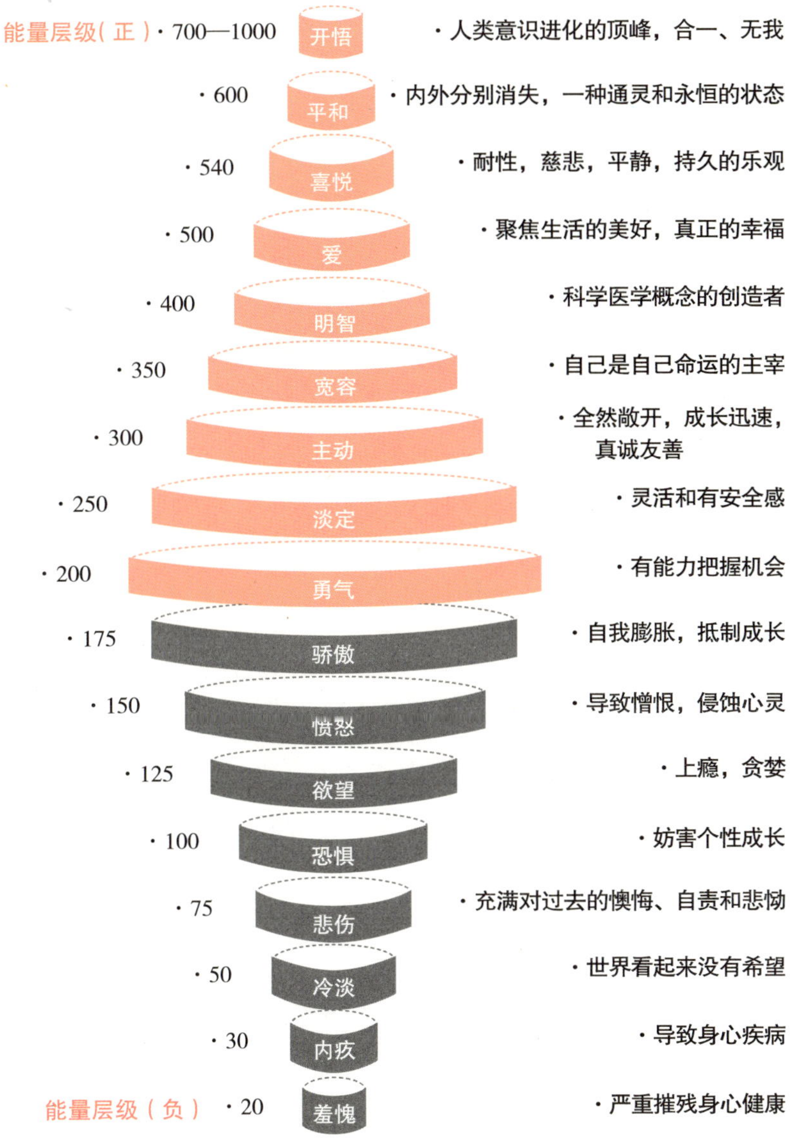
能量层级(正)
· 700—1000
开悟
· 人类意识进化的顶峰，合一、无我
· 600
平和
· 内外分别消失，一种通灵和永恒的状态
· 540
喜悦
· 耐性，慈悲，平静，持久的乐观
· 500
爱
· 聚焦生活的美好，真正的幸福
· 400
明智
· 科学医学概念的创造者
· 350
宽容
· 自己是自己命运的主宰
· 300
主动
· 全然敞开，成长迅速，真诚友善
· 250
淡定
· 灵活和有安全感
· 200
勇气
· 有能力把握机会
· 175
骄傲
· 自我膨胀，抵制成长
· 150
愤怒
· 导致憎恨，侵蚀心灵
· 125
欲望
· 上瘾，贪婪
· 100
恐惧
· 妨害个性成长
· 75
悲伤
· 充满对过去的懊悔、自责和悲恸
· 50
冷淡
· 世界看起来没有希望
· 30
内疚
· 导致身心疾病
能量层级(负)
· 20
羞愧
· 严重摧残身心健康

霍金森能量层级图

真了不起！所以从某种意义上来说，我并不是来见一个普通的小男孩，我是来见一个伟大的、了不起的小男孩的。”

这位 15 岁的男孩从我这段话里获得了什么？他获得了被认可、被欣赏、意义、自我价值、安全感，获得了爱与被爱。这就是在冰山的渴望层面工作。

渴望层面一旦被满足，男孩的整个心理冰山就发生了变化。生命就从一种自卑、沮丧的状态变成了一种自信、绽放的状态。这个男孩的感受从沮丧、悲伤、痛苦、害怕、自卑，变成放松、自信、有成就感、愉悦；这个男孩的观点从“我是悲惨的”“我是糟糕的、可怜的”变成“我是能干的、了不起的”；他的期待从期待父亲不要发脾气、不要犯病，现在还加上期待更多人看见他的担当、他的能干、他的了不起；他的自我从结冰状态变成了沸腾状态。

现在，你觉得他的世界看起来是没有希望的，还是有希望的？他的能量在很低的维度里，还是在很高的维度里？

爱是一种能量，当你有这种能量的时候，你就能活出绽放的样子。当你能量匮乏的时候，就会活出压抑、沮丧的样子。

现在你们还觉得爱是空气，是看不见、摸不着的吗？不，爱真实存在！爱是人类最底层的需求。在更深维度的渴望层面、自我层面，每个人的心理需求都是相同的，那就是爱与被爱。

爱是生命的土壤，爱是生命的阳光，爱是生命的一切。“爱”指向和描述内在的、生命的、心灵的世界，是生命和心灵世界中的一种至高无上的感觉。爱可以开启一个人生命的潜能；爱可以让生命变得更柔软、美好，极具创造力；爱可以赋予别人力量。

第三节

人只有基于被爱才愿意改变，变得顺从、美好

曾经有孩子在大庭广众之下做出了摸私密部位的动作，他的妈妈打完电话以后，突然看到孩子的动作，周围又这么多人，她马上就难堪起来，一边打孩子的小手一边说："丑不丑？羞不羞？"

妈妈当着这么多人的面一边打孩子的小手一边说："丑不丑，羞不羞？"这个行为就叫羞辱。不要觉得孩子小所以哪怕羞辱也没问题。即使孩子年纪小，他们仍然对被尊重有感觉。在公共场合发现小孩这样做的时候，母亲要及时给孩子引导，轻柔地把孩子的小手拿开，把他搂在怀里或者抱起来，给他一个玩具，直接把孩子的注意力从这个动作中转移，让他把注意力放在发展上。回家以后要告诉孩子：“穿泳衣遮挡的这个部位是非常私密的，是要被我们保护的。如果要触碰，只能在自己的房间。”及时引导是母亲要尽到的养育孩子的责任。

当一个孩子感觉到被爱的时候，能量层级在500，但是如果一个孩子感觉到被羞辱，其能量是整个能量层级里最低的，只有20，他会像风中残烛一样奄奄一息。如果你羞辱一个人，一个人永远不会改变。奄奄一息的能量不足以支撑一个人改变。

再想象一下下面这个场景：

孩子拿着考试卷，低着头来到你面前，紧张地说：“妈妈，我考了59分。”

你说："孩子，当妈妈听到你说你考了59分的时候，你知道妈妈有多紧张、多焦虑吗？妈妈要告诉你，上学是'千军万马过独木桥'，如果我们考的分数高一点，我们挤过独木桥的概率会更大一些。为什么要挤过独木桥？因为你挤过独木桥以后，可以考一个好一点的大学。你未来的生活会更容易，成功会更容易，实现更大的梦想也会更容易。

"但妈妈并不是说，如果你挤不过独木桥，就代表着你不能成功。有的人没有挤过去，也能成功，可是他通往成功之路会更难一些。当你跟我说你考59分的时候，妈妈很紧张，因为妈妈太期待你能挤过去了。妈妈爱你，妈妈希望、也祝福你有个更好的未来。我们还是尝试努力挤过去，你看怎么样？

"同时妈妈要告诉你，在养育你的过程中，你带给妈妈太多快乐，太多温暖，太多欣喜，妈妈经由养育你成长了。无论你考了多少分，无论你有没有挤过独木桥，妈妈依然爱你，依然以你为荣，依然感谢你是我的孩子。"

为了挤过独木桥，我们可以做怎样的努力？我们可以带着孩子开始探索，制定一系列规则，比方说每天晚上给孩子听写30分钟、确定每周亲子共读时间等，这种关系就是给予。

但如果你是这样的家长：

> 有一天孩子低着头，小声说：“妈妈，我考了59分。”
>
> 妈妈瞬间生气了：“多少？59？你再说一遍！59分，你对得起谁？为了让你上这个学校，爸爸妈妈花了多少钱？我们为你付出这么多，你说你就考59分，你对得起谁？我看你以后长大怎么办，你要饭去啊？从现在开始你还看不看电视？”

这里面的潜台词是什么？我为你付出这么多，买了学区房，花了这么多钱找人给你补课，你就用59分回报我。

我为你付出得多，你必须以一个优异的成绩回报我，这种就叫有企图的付出。

父母养育孩子的时候，如果父母有企图，这对孩子来说是麻烦的，因为这种爱不够宏大。

当你孕育生命的时候，你的爱要足够宏大。当你经营关系的时候，你有没有爱没有关系，如果两个人是朋友，彼此之间的关系就像一个摆钟，你给我一点，我给你一点，很平衡，这是可以的。但是养育孩子，不是在经营普通的平等的关系，因为父母是大的，孩子是小的，大的要给予小的，父母的爱一定要是宏大的。

有很多人学过一些心理学、教育学知识，当小孩说“妈妈，我考了59分！”的时候，你一边说“没事，没关系的，妈妈爱你！”一边心里很忐忑、很紧张，这叫不一致性，你想的和你表达出来的是不一致的。真诚表达的同时制定一系列的规则，这才叫一致性。

现在让我们问自己一个问题，我们给予孩子的到底是成熟的爱、纯粹的爱，还是有企图的爱？是完全给予还是交换？有企图的付出是不足以支持孩子的改变的。

有个高档小区，有一天不知道哪一家把垃圾从楼上扔了下来。垃圾袋在空中散开了，垃圾飘得到处都是，电线上也挂着，植物上也有。有个住户就愤怒了，贴了一张告示在楼下。告示内容是这样的：“谁再扔垃圾，谁就是王八蛋！”

如果你就是那个扔垃圾的邻居，也许你明天会把垃圾带下来，因为你是一个很有修养的人。但是，有没有可能扔垃圾的人明天会故意再扔？因为当他看告示的时候，感觉被羞辱了，启动了防御机制。

你也可以这么写：“楼上的邻居您好，您住在很高的楼层，扔垃圾的确没有低楼层方便，可是小区是我们共同的家园，夏天来临了，垃圾不处理好的话很容易滋生蝇虫。我请求您能够把垃圾带下来，放在垃圾桶里，这样我们的小区就可以保持干净、整齐、美丽。如果您扔垃圾有什么困难，可以拨打我的电话，电话号码是……我很乐意、很荣幸为您服务，感谢您对我们的成全。您的邻居，某某某。”

为什么要把电话号码放上去？因为电话号码代表诚意。如果你是楼上的那个邻居，你觉得是骂你一顿能让你更想去楼下扔垃圾，还是看到这样一段话能让你更容易去楼下扔垃圾？

人只有基于被爱才愿意变得顺从、美好。

第四节

有爱、有力量的父母才能培育出有爱、有力量的孩子

当我们说到爱与被爱的时候，也会进入一些误区，有时候我们以为爱就是忍让，就是讨好。

有个孩子在沙发上看书，妈妈不停地邀请他去整理房间，孩子一直说等下就去整理，可一直没动。

妈妈说："我不想再听到你说等一会儿、等一会儿，我不想再听到了。"

我和这位妈妈说："这样不行，你要握住孩子的手，让他停止阅读，让他看着你的眼睛，对他说：'孩子，妈妈要认真地跟你说，现在请你去整理房间。’孩子可以哭、可以闹，允许他哭，等他哭完了，还是要整理房间。

“我们这样做是在告诉孩子，你不能继续看书，必须停下来，如果你不去整理房间，你会被我一直干扰。你可以哭，我允许你有这样的情绪，但不接纳这个行为。”

如果我们总是跟孩子说“你快点去收拾呀！”但根本不采取措施的话，孩子就会不听，直接走掉。父母经过长时间怒气的累积，受不了了就把孩子打一顿，这就是伤害。不要走到这一步。

在事情发生之后，你握着孩子的手，请他去收拾。孩子发脾气，就允许他发脾气，然后你再平和地坚持让他继续整理，直到整理完毕，他才可以接着看书。这样的拒绝不是伤害。你如果带着情绪允许，有一天就会给孩子带来伤害。

无条件地爱不是无条件地满足，无条件地爱不代表无条件地允许。我接纳你这个人，我也接纳你的情绪，但是事情该是怎样的就是怎样的，这是我们去判断爱与规则之间的界限的一个很重要的方式。

这个一直邀请孩子打扫卫生的妈妈已经上了很长时间夜班了，她在潜意识里觉得是因为她长时间上夜班，没有管孩子，导致孩子不好好学习，成绩很差。内疚就把妈妈带入自责状态、无力状态，她的爱就没有力量。

妈妈说的“我不想再听到你说等一会儿、等一会儿，我不想再听到了”就很无力。**没有力量的爱就是纵容，没有爱的力量就叫作暴力。**爱和力量你都要去完善、去平衡，否则带给孩子的就会是伤害。

一个好的父母、好的监护人一定要具备三个特质：一定要有爱，有力量，同时还要很顽皮。

怎样才算有爱、有力量的父母？

电影《海王》里描述了这样一个情节：有个国家一片混乱，只有拿到宝物三叉戟，才能够统治这个国家，结束混乱。因为三叉戟有怪物守护，拿三叉戟的时候，很多人都被怪物杀死了。男主人公和妈妈想去找三叉戟，妈妈对男主人公说：“我们是有去无回的，卡拉森是一个非常强大的怪物，只允许真正的君王通过。”

男主人公因为不是国王，心生恐惧，他看了一眼卡拉森所在的地方。

妈妈说："你害怕了。"妈妈直面这个问题。

男主人公说："是的。"

妈妈说："很好！"

当一个孩子说害怕的时候，很多妈妈会激励孩子："你可以的，妈妈相信你！"我知道你相信你的孩子，可是当你的孩子无法相信自己的时候，他心里是没有底气的。而这个妈妈为什么说"很好"？因为可以直面自己内心的人，才是心理力量强大的人。当一个人可以直面自己的时候，他才是真正的内在的英雄。

妈妈说："你准备好了吗？这个国家，从来不缺国王，你需要更伟大。"

男主人公很纳闷："还有什么能比国王更伟大呢？"

妈妈说："英雄。国王只为自己而战，但是英雄是为所有人而战。"

这个妈妈很会激励人。她的孩子虽然不是国王，但是她把这个孩子带到了生命的底层（自我层面），让他的生命成了更有意义的存在——英雄。当妈妈说完这句话以后，男主人公变得充满勇气、毫不畏惧，转身走向卡拉森所在的地方，最后成功获得了宝物。

为什么最后男主人公鼓足了勇气？我们来分析一下这个妈妈做了什么。

让我们来看霍金森能量层级图（见本书第 43 页）。

当男主人公在恐惧的时候，他的能量只有 100。而妈妈说了一段充满勇气的话，此时妈妈的能量上升到 200。男主人公经由妈妈的表达，感受到自己在爱里，他的能量就上升为 500，因此他充满勇气，敢于直面过去不敢面对的东西。

父母要关注孩子的感受，关注他的观点，关注他的期待，看他的渴望层面有没有被满足。如果孩子被满足了的话，他的外在就会呈现出绽放的状态；如果他的渴望层面很匮乏，里面的自我层面也是匮乏的，他的外在就会呈现出一种压抑的状态，就会到能量层级图的下一个层级。这位男主人公的妈妈是在爱与被爱的冰山底层部分工作，是有意义的。

那我们应该如何关注孩子的心理，让他们能在生命的底层得到满足？

假设有一天你的孩子跟你说："妈妈，今天老师把作业本扔我脸上了。"这个时候你会说什么呢？

感受层面

妈妈："哦，那一定很难堪，对不对？"

孩子："是的。"

观点层面

妈妈："你怎么看待这件事情呢？你觉得是你的问题还是老师的问题？"

孩子："嗯，我觉得我有问题，老师也有问题嘛，老师说我的字写得不漂亮，可是他好好跟我说也是可以的嘛。"

渴望层面

妈妈："孩子，妈妈要告诉你啊，无论老师、同学怎么看待你，你一定要记得你永远都是独一无二的，是妈妈眼中那个最善良、最可爱的孩子，你能明白吗？"

行为层面

妈妈："如果你不喜欢老师这样待你，妈妈要告诉你，你可以把你的字写漂亮一点，这样你的处境就会变得不同。可以吗，孩子？"

妈妈就把孩子的这件事情和里边的本质的“我”做了区分。

妈妈有没有带这个孩子去找老师算账？没有。她只是带孩子观察了自己内在的冰山，协助孩子做了沟通，并且把生命和事件做了剥离。这样对孩子来说就叫心理支持，这就叫关注心理。

如果孩子对你说：“妈妈，今天老师把作业本扔我脸上了。”你说：“为什么呀？”小孩说：“因为老师说我的字写得不漂亮。”小孩的回答在行为层面。

你说：“那你把字写漂亮不就行了吗？”你的回答也在行为层面，就在冰山的水平面以上，在外在的世界兜圈子，下不到冰山下面，这样就没有办法做到关注心理。

让我再举一个例子，如果你的孩子跟你说“今天我得了五朵小红花”，那你会说什么呢？

感受层面

妈妈：“你一定很开心，对不对？”

孩子：“是的。”

观点层面

妈妈："你得了五朵小红花，一定觉得自己很棒，对吗？你是你们班得小红花最多的一位同学，那么同学们也会觉得你很棒，对不对呀？老师也觉得你很棒，对吗？"

孩子："是的。"

渴望层面

妈妈："孩子呀，到妈妈这里来。妈妈要告诉你啊，妈妈一定要告诉你，你一定要记得，你有小红花，妈妈爱你，你没有小红花，妈妈也爱你。妈妈爱的就是你，跟小红花没有关系。"

很多人可能会觉得奇怪，无论外在带给孩子的是好的影响还是不好的影响，我都在做剥离，为什么呢？

行为层面

妈妈："你有小红花，你很开心，妈妈要祝贺你哦。"

妈妈这句话祝贺的是什么？是孩子很开心，而不是得了小红花这件事。当一个孩子得了小红花，他的感觉就是很绽放，这个时候要告诉他，你依然可以绽放，但你没有小红花，你也是可以这样绽放的，这样就人为地帮助孩子做了剥离。

我们要帮孩子剥离负面的影响。当孩子对你说："妈妈，今天老师把作业本扔我脸上了。"你说："为什么呀？""因为老师说我的字写得不漂亮，""你把字写漂亮不就行了吗？"一番对话下来，我们带给孩子的感觉只有压抑和郁闷。

为什么正面的影响也要剥离呢？当孩子得到的小红花是班级里最多的或者当他考第一名的时候，他的内在就绽放。但有一天有个老师对你的孩子说："你看你，学习成绩从第十名退到了第二十名，你简直是踩着西瓜皮向下滑。"你的孩子内在又全是郁闷。哪天有个老师对你孩子说："今天不错，为我们班争了光。"你的孩子内在的世界又变成绽放。有一天老师又说："你瞧瞧，你给我滚出去！"你的孩子当着所有孩子的面被赶出去，内在又变成郁闷。

这时候，你的孩子的内在是绽放还是郁闷，由什么来决定？是由外在的人、事、物来决定的。

自我价值是自己评估自己价值的能力。假如我们总是用第一名、小红花来跟孩子互动，用这些东西来影响我们的孩子，孩子对自己的评价总会由李老师、王老师、马老师、赵老师或者是第一名、红花、证书等来决定。

如果我们在孩子童年的时候让他对自己的认知、对自己的评估都交给外界决定，长大之后，假设他成了科长，他的内心处于绽放的状态，可是有一天他就餐的时候，旁边坐了一个人，是个局长，孩子一比较，内在的世界瞬间就变得郁闷。如果孩子经商，经过努力赚了100万元，发现自己的同学拿着几千块钱的工资，他内在就绽放开了；有一天他外出开会碰到一个人，年收入1000万元，瞬间他内心又郁闷了。他有一天赚了1亿元，感觉绽放，可是他一不小心破产了，内在就变得郁闷，连想死的心都有了。**一个人内在和外在的世界如此波动，他就不能安于内心，就不是“内圣外王”的状态。**

有一个学生运动员参加中学举办的跑步比赛，第一年得了第一名。到了第二年，他很害怕自己没有办法得到第一名，就弃权了。他的老师和同学可失望了。到了第三年，同学们和老师们都鼓励他说：“你一定能得第一名的，你曾经跑过第一名的，我们相信你，加油！”可是孩子的心里是没有底气的。比赛的时候，他在跑了几步后就倒了下去。

之后他来到我的咨询室，我问他：“你为什么要这样做呀？”

他说：“如果我到后面才放弃的话，别人就知道我不可能得冠军了，所以我在起跑后就倒地，我想告诉大家，我得不了第一是因为我受伤了。”

这是一种典型的掩耳盗铃的行为。我们仔细想想，到底是孩子不能放过自己，还是老师、同学不能放过他？是他自己不能放过自己。

如果时光倒流，在他第一次得第一的时候，妈妈对他说：“儿子，来，我知道你很开心，妈妈祝贺你，但是妈妈要告诉你，你一定要记得，你是冠军，你是你，你不是冠军，你还是你，不管是不是冠军，你都是独一无二的，都是妈妈的儿子，我都以你为荣。”

如果孩子能听到这样的一段话，他内在世界的自我价值是高的，他在比赛的时候就会更放松，他会想：这次比赛我可能不一定会得冠军，不过也没关系，因为这个世界上谁也不能保证自己是永远的冠军。他也会告诉自己：如果我不再是冠军，即使同学和老师批评我、指责我、瞧不起我，我也要放过我自己，因为我尽力了。尽力就是生命最好的答卷。抱着这种心态，他就可以放松地去比赛。

如果一个孩子童年不能在爸爸妈妈那里获得爱与被爱，

未来孩子就只能从金银珠宝中获得安全感。他枕着一堆证书和奖状，觉得自己很了不起。当他想获得被认同感，他只能在倚靠在他人的肩头的时候，才觉得自己是被爱的，是满足的。如果孩子要从外在获得这些，那他的生命就会迷失，就会企图从外在获得自我价值。

我们要让孩子活出这种感觉：生命的丰盛不取决于外在所拥有的房子、车子、票子，而取决于内心的状态是否满足、富足、愉悦。

有爱、有力量的父母可以让孩子体会到生命的价值与丰盛，不取决于外在的名誉、地位、财富，而由内在自然生成，这种内在的丰盛不依赖于、不受限于外界物质和他人评价，将成为孩子一生取之不尽、用之不竭的幸福源泉。

中篇

孕育完整人格六大基石

好的父母和老师要具备有爱、有力量、顽皮、有智慧等品质，所有这一切都要经由学习才能得到。

经由学习，我们懂得孩子的心理现象是如何发生的，这样我们就会成为孩子生命中非常棒的支持者、协助者和引领者，养育孩子就会更容易。我们甚至可以开始享受养育的历程，从只关注认知逐步过渡到关注身体、情绪、感觉、心理、精神，最终协助孩子孕育完整人格，创造出独一无二的自我。

第二章

孕育身体自由的孩子

一个婴儿长大成人有内因和外因。内因是什么呢？孩子天生就有成长的敏感期，有自己的先天特质，所以，内因部分我们是做不了什么工作的。如果我们想要支持孩子的发展，就在养育孩子的外因上下功夫。我们除了要给孩子提供生存必需的衣食住行等，还要给他们提供自由探索的空间，提供和孩子内在发展相配对的环境，给孩子设立适宜的规则、界限。

第一节

人类在后天与环境的互动中不断成长

大多数动物的幼崽在母体里都是发育完全的。大象的幼崽一出生就健步如飞。牛出生后就尝试自己站起来，“扑通”跪倒了，再站起来，又“扑通”跪倒，三到四次后，小牛犊就可以跟着牛妈妈活动了。人类的近亲黑猩猩，出生后六个月就可以行走了。这是动物的优势。

人类婴儿是发育不完善的生物，或者说是发育不完全的。因为人类原来是爬行的，后来才发展成直立行走，直立行走以后，女性的骨盆变窄了，如果我们人类的孩子想像动物一样在妈妈肚子里完全发育成熟，一出生就能够健步如飞的话，那胎儿还得在妈妈的子宫里待上好几个月，那样颅骨就变硬了，没有办法从妈妈狭窄的骨盆里出来。因此，人类胎儿出生时颅骨往往是软的，有些孩子的头刚出生时跟歪瓜裂枣似的，挤得都变形了，过一段时间才开始慢慢恢复。人类孩子虽然是足月出生，但从某种角度来说，人类孩子都是早产儿。

人类婴儿非常柔弱，是目前在这个星球上我们所知道的物种里最柔弱的，成长也是最漫长的。一个人的生命完全被建构成熟，需要漫长的 18 年，甚至更长，这是人类婴儿最大的劣势。万事万物都有利有弊，如同硬币的两面，我们的劣势也可能成为我们的优势。人类的大脑出生前没有发育完全，出生以后会和后天环境产生互动，在错综复杂的后天环境里持续发展，这就让人类婴儿有了无限的可能性。

但是动物就不一样了，因为大部分动物的幼崽是发育完全的，就像熟透的西瓜，瓤都红了，籽都黑了，已经没有发展空间了；只有还没有完全熟的、瓤是白的、籽是白的的西瓜才可能继续长，才有变化的空间。

把道理迁移到动物发育完全上，比方说大象发育完全，出生以后几乎不用学习，生存能力与生俱来。妈妈会的，它都会。妈妈不会的，它也不会。所以同种动物之间的差异不会很大，这头狮子和那头狮子差不多，这头老虎和那头老虎差不多。动物发育完全的优势恰恰成了它们无法继续发展的劣势。

人类出生时是发育不完全的，这就让我们有了继续变化、继续发展的空间，也就是说，人类发育不完全导致的柔弱的劣势恰恰成了我们拥有无限可能性的优势。成就你的可能会禁锢你，保护你的可能会伤害你。

为什么婴儿早期的动作如此笨拙？

婴儿抓草莓的时候是五指相扣的，吃着吃着，把手都含进嘴里，他也分不清哪个是他的手指头，哪个是草莓。为什么他是这么抓的呢？因为他的神经元还没连接好。

人是可以二指捏物品的，动物是不能够二指捏物品的，这是人和动物在动作上的一个分水岭。如果你不信，下次到动物园的时候，可以观察饲养员把花生撒给猴子时猴子的反

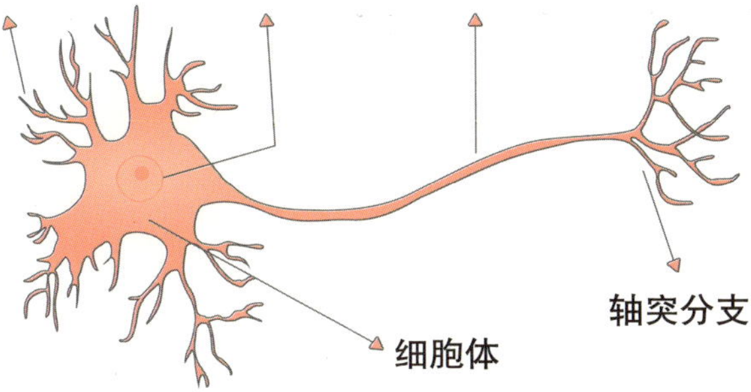

神经元示意图

应。如果你看到哪只猴子捏起花生，你一定要告诉我——估摸着它就是人类。

你知道为什么父母们总是喜欢喂孩子了吧？因为喂孩子更省事，让孩子自己吃真是太麻烦了。小孩的神经元连接还不完善，吃饭直接上手抓，让家长看着都着急。

人类出生的时候大脑的神经元约有 1000 亿个，彼此之间的连接数量是 1000 亿的 5 次方。这是一个庞大的数字，比银河系的恒星数量还要多。小孩的脑袋就这么大一点点，但是神经元连接的数量却比银河系的恒星数量还要多，真是太奇妙了。孩子出生的时候，这些庞大的复杂的神经元连接并不完善，不能很好地发挥作用，这就是婴儿动作笨拙的原因。

如果想让一个孩子未来耳聪目明、手眼协调，我们就要促进他的神经元连接，为孩子一生的学习和工作奠定基础。

第二节

孩子的每一个动作都会促进身体的发展

如何促进婴儿的神经元连接？

婴儿每做一个动作，就会促进一些神经元连接，同时削弱另外一些神经元的连接。这意味着当婴儿反复做同一个动作时，有些神经元连接经由刺激得到发展，变得粗壮，没用的神经元连接就逐步退化，孩子大脑神经元间的连接就得到了整体的优化。

为什么孩子第一个动作要从吃手开始？因为人类在出生的时候，整个身体只有口腔是最有感觉的。一出生，一直在吃手，吃着吃着，就把手唤醒了，这是孩子在用口唤醒手。

可是很多家长恨不得小孩一出生就把他用衣服包裹起来，特别是冬天出生的小孩，都裹着大棉袄，小孩的手无法活动，就会错失很多发展机会。

儿童不是成人的缩小版，他们有独特的身心发展特点。身心发展，顾名思义，就是身体发展和心理发展。

关于身体发展通常有一个误区，大部分父母认为婴幼儿的身体发展就是吃好、喝好、不生病，身高、体重都达标了，身体就发展得很好了。事实上这是有局限性的。身体发展好除了要吃好、喝好，还要有大肌肉活动和小肌肉活动两个部分。大小肌肉的活动都会促进大脑神经元的连接，这就是为什么哈佛大学脑神经专家说：**孩子每做一个动作都会促进他们的身体发展。**

大肌肉如何得到发展呢？爬行、奔跑、跳跃、攀爬等。

小肌肉如何得到发展呢？穿珠子、剪纸、夹豆子等。

第三节

大肌肉活动帮助孩子建立良好体格

大肌肉能力泛指移动整个身体的能力。孩子在婴儿时期，其大肌肉活动便逐步发展，至幼儿阶段其能力已包括：移动性活动技能，如跳跃、攀爬、追逐等；稳定性活动技能，如固定身体、弯曲、伸展等；操作性活动技能，如抛、击、接、踢等。

健康的大肌肉可以提升儿童学习的基础与技巧，帮助他们建立良好的体格，使他们能够顺利探索周围的人、事、物，增强认知能力，发展人际互动和沟通能力。

如何才能发展出健康的大肌肉？

我见过的大部分一岁多的小朋友都是被家长抱在怀里或者坐在小推车里。我邀请成人带一岁多的孩子的时候，要把孩子从小推车、学步车里解放出来，找一块草地让他们自由爬行，经由大肌肉活动来支持儿童身体的发展。如果只是抱着或推着小孩活动，这不叫活动，这叫放风。

我的幼儿园里有个土坡，6 米高，专门给 1 到 2 岁小朋友玩耍的。当小朋友在土坡上爬行时，他们的小肚皮完全蹭在土坡上也没关系。当小朋友爬不上土坡的时候，老师会做些什么？老师不会跑过来把小朋友抱上土坡，而是给孩子们示范如何爬土坡。

当孩子们爬上了 6 米高的土坡，他们怎么下来？这是个问题！毕竟上山容易下山难。有个一岁多的小孩子，中途想坐起来，但他不敢。儿童天生就有自我保护的能力，这个小朋友才一岁两个月，自我保护的机制就已经被唤醒了。他下土坡时，大腿和膝盖两个部位是抬起来的，只用肚皮向下滑，这样就避免了腿疼、膝盖疼，这个叫身体智慧。

我们总以为孩子的智慧都是成人教的，其实只要在那个环境中，小孩自然会想办法，这是孩子与生俱来的生命潜能。不要总想着什么都要你教他，千万不要这么想。只要给了孩子自由发展的空间，孩子内在的生命智慧就会自动被开启。

看，爬土坡不仅可以让孩子身体的大肌肉得到发展，也能让他们开启内在的生命智慧，当他们爬上土坡后，更能体会挑战自我的快乐，并从中发展坚持不懈的精神。

第四节

小肌肉活动培养孩子精细操作能力

幼儿手指活动时，支配手部肌肉活动的脑神经会活跃起来，使人的手指灵活性加强，手部活动有许多的小肌肉参与，又给大脑提供了丰富的信息刺激，给幼儿的智力、创造力和想象力发展奠定基础，同时促使大脑对身体各部位的协调动作能力的支配进一步发展。

如何发展小肌肉，促进孩子大脑神经元的连接？

我给大家介绍一些能发展小肌肉的游戏。

夹豆子游戏

夹豆子的时候，力气要把握好，力气大的话，豆子有可能会蹦出去，力气太小有可能夹不起来，豆子会掉下去。孩子要在力气大和力气小之间找一个平衡点。

镊子夹豆子游戏是在为以后握笔做准备。很多孩子在握笔的时候，中指的位置都压瘪了，就是因为小朋友不知道要使多大劲才好。小的时候做过夹豆子这个游戏，他就知道到底使多大劲才能够掌握平衡。

穿珠子

让孩子在小的时候穿珠子玩，这是不是在发展小肌肉？是的！俗话说“心灵手巧”，这是有道理的，因为我们大脑70% 的神经元的连接都跟双手有关系。穿珠子不仅要手巧，还要眼睛和手配合，手眼协调才能顺利穿过珠子。

当孩子能穿过一些大珠子后，可以逐步增加难度。比如让珠子更小，这时对手部动作要求更精细，手眼要更协调。

数学的最初三个逻辑是分类、排序、对应。穿珠子游戏就是分类的一种，孩子可以在玩中建构数学心智。同时，他能有序地、耐心地、专注地、有条不紊地、独立地完成一件事情。

竹竿阵

我见过一些孩子在摔倒的时候，完全不知道用胳膊肘撑地，而是任由自己直直地摔下去，结果把门牙都磕掉了。他之所以会受到这样的伤害，是因为父母的带养方式过于精细，导致孩子自我保护意识薄弱，遇到危险时的应激反应能力较弱。

我特意设计了竹竿阵这个游戏，将竹竿一排排悬挂于半空中，当小朋友们钻进去以后，首先就需要用手把竹竿扒开，如果不扒开的话，竹竿就会反弹过来，打着孩子的脸。所以，这个竹竿阵既能够确保孩子不会受到大的伤害，同时还可以更好地训练他们身体反应的敏锐度，提高孩子们的自我保护能力。这个游戏深得小朋友的喜爱。

抓泥鳅

抓泥鳅能够促进孩子触觉的发展。泥鳅对于两三岁的孩子来说，很不容易抓，想要抓到泥鳅，不仅要很灵敏，而且还要控制好力度，不然泥鳅就可能从手中溜走。这一游戏可以让他们意识更灵活，同时刺激他们身体反应的敏锐度，从而在玩耍中提高孩子各方面的能力。

涂胶水

两岁左右的小孩已经可以用刷子蘸取胶水涂抹在纸张上。如果在涂抹的时候，刷子完全在纸张的方框里，胶水不会被涂抹到桌子上，这说明孩子的手眼协调，其手部精细动作以及大脑神经元的连接对于这个年龄段的孩子来说已经发展得很好了。

我见过一个小朋友涂完胶水以后会跷起小拇指再贴纸张，这孩子和五指相扣吃草莓的孩子动作特点完全不同，她的手指运动更精细。她为了把纸张捡起来，同时保护好已经涂满胶水的纸张，还得避免自己的小手碰到胶水，她就双手跷着兰花指，精细地、小心翼翼地拈起纸张。很少有两岁多的孩子手指动作能够发展到这样的精细程度。这说明这个孩子的父母的带养方式和老师的协助方式都特别合适，让她的小肌肉得到了充分的锻炼，身体整体发展状态超越了大部分同龄儿童的水平。

从吃个草莓都要五指相扣，到可以精细地跷着兰花指拈起纸张，就叫发展。

老师在田字格里示范了一个“1”，如果是三岁左右的孩子，没有办法把“1”写到田字格里，这是正常的，因为这个年龄段孩子的手部精细动作还没有发展到可以把数字写进田字格的水平。但如果一个孩子到了四岁半或者五岁，握笔还五指相扣，手指还不能够精细活动，这就叫身体发展滞后。因为四岁半左右孩子书写敏感期就来临了，发展得好的孩子五岁就很可能把字写得很漂亮了。

滞后还有很多种，比方说情绪发展滞后、感觉发展滞后、精神发展滞后、心理发展滞后、认知发展滞后等。

有一天，我跟一个孩子经常会写反字的家长说：“你买一点螺丝，让孩子去拧。”

结果家长不屑地对我说：“老师，我可没打算让我的孩子以后去做汽车修理工。”

我说：“拧螺丝不是为了让你的孩子去做汽车修理工，它跟你孩子未来的生活和学习是有关系的。你先为孩子提供三种规格的螺丝，让他有序摆放，等孩子娴熟后，再把螺丝的型号增多，同时把螺丝帽打乱放在一起。孩子要从一堆螺丝帽里找到一颗和这个螺丝相配对的螺丝帽，这项活动对孩子的视觉分辨能力要求很高。

“如果视觉分辨能力达不到，孩子根本无法从一堆零乱的螺丝帽里找到和螺丝配对的螺丝帽，他看这个螺丝帽跟那个螺丝帽差不多，所以他看‘23’和‘32’就差不多，‘b’和‘d’也差不多，就影响了学习。我们总认为孩子经常看错题目是因为粗心，但其实很多都是身体发展滞后导致的。如果孩子在小的时候，我们就让孩子做这种手眼协调的作业，促进孩子的精细动作发展，孩子练着练着，一下就可以拿出一个螺丝帽精准拧在相对应的螺丝上，我们就知道这个孩子可以上学了。”

这样，幼儿通过不同的大肌肉活动与其日渐增长的智能、小肌肉、语言及与环境中的人物互动的能力，使他在日常生活中能够主动而自然地做出千变万化的动作，应付学习和生活上的种种需要。他逐渐能协调和联合身体所有功能，全面感知和创造自己的世界。协调本身就变成了儿童生命的一种成长能力，为其以后心理、认知以及其他部分的协调奠定了更为复杂的基础。

孩子每做一个动作都会促进他们的身体发展。

第四章

孕育有规则感的孩子

儿童依靠情绪这座桥梁走向真实世界，逐渐过渡、适应、调节着自己的生命，走向自己生命的更深处，然后依靠内在发展建立起对外在世界的认知。

情绪状态是判断儿童是否正常成长的标准之一，平和而喜悦的状态是保证儿童身体、情绪成长的前提。情绪长期低落的孩子，即使成年了，他的各个部分也可能停留在原始状态，这意味着他会成为情绪的奴隶，被情绪掌控。

建立规则感，就是让孩子能够在一种和平的、文明的、有秩序的环境中建构情绪，构建内在秩序，为儿童的理性思维和认知搭建基础，帮助孩子管理自己的情绪，不被情绪掌控，很好地表达自己的内在情绪、内在自我。

第一节

父母要行使主导权

“我们跟孩子要像朋友一样相处”这句话其实既有对的地方，也有不对的地方。当我们跟孩子互动，彼此间相处得很友好的时候，确实看上去会有一种很平等、像朋友一样的感觉，但是父母是不可能真的成为孩子的朋友的。

在我女儿小的时候，有一天她说：“妈妈，你看我跟我的同学某某某，我俩谁好？我穿件新衣服，玩着玩着就忘了，趴在地上弄脏了衣服，可是我那个同学，他怎么玩都不会趴在地上，衣服总是干干净净的。”

我就跟我的孩子说：“孩子，妈妈是这样觉得的，我想问你，当你玩着玩着趴在地上的时候，你玩得尽兴吗？”

孩子说：“尽兴。”

我说：“那你开不开心啊？”

孩子说：“开心。”

我说：“那很好呀，你的朋友无论怎么玩都不愿意趴在地上，他看到他的衣服干干净净的，他开心不开心？他也很开心。你看，你们俩需求都不一样。”

在跟孩子相处玩耍的时候，我们之间的友好氛围就好像彼此是朋友，但事实上当我们跟孩子互动的时候，我们肩负着引领孩子成长的任务，要把控孩子成长的大方向。爸爸妈妈是树根，孩子是树叶；爸爸妈妈是大的，孩子是小的。在孩子未成年之前，**父母要承担引领孩子成长方向的责任，这是父母的权益，也是荣耀。**

第二节

父母如何行使主导权

有对夫妻有三个孩子。这一天是爸爸的生日，全家人都为爸爸准备了礼物，年纪最小的孩子送了爸爸一部照相机。爸爸妈妈很吃惊，他们搞不清楚这个照相机是怎么来的，因为孩子不可能有这么多钱。孩子说，他挨家挨户去乞讨，以给穷人捐款的名义募捐了一笔钱，给爸爸买了这个照相机。

当爸爸和妈妈知道这个消息后，爸爸说："把我都搞糊涂了，我真不明白你怎么会挨家挨户去欺骗别人，还以慈善的名义去收别人的钱，而且一点儿也没感觉自己错了。”

小孩说：“可效果确实比想象中的要好，这相机可是自动卷片的，还能自动测焦距。我多想送你一件真正的礼物。”

爸爸说：“你的用意并没有错，我也感谢你的好意。可你要知道，你对别人的爱并不是用花多少钱来衡量的。”

小孩说：“这件事怎么办呢？”

爸爸说：“我要你自己想一个受惩罚的办法，那样你就会明白你到底干了些什么。”

小孩说：“那是按照我自己的意思自由选择吗？”

爸爸说：“最后由我裁决。”

这个孩子虽然犯了错，但是孩子跟爸爸的互动是很灵动的，也就是说虽然爸爸说得很严肃，但因为孩子的自我价值感很高，即使他被爸爸这么严肃地说教，也不会表现得很紧张。一定要让孩子在一种放松的氛围里去成长，但是放松并不代表他不为自己的行为负责任。

爸爸让孩子自己想一个办法惩罚自己，孩子说可不可以以他的自由意志来决定这件事情，但是爸爸说什么呢？“最后由我裁决。”这就是我们说的主导权。我们跟孩子互动的时候，最缺失的可能就是主导权。

有个妈妈想叫孩子吃晚饭，但是孩子就是不想下来。

妈妈很严厉地说：“你是不是零食吃太多了？那就吃点饭就行了，赶紧下来。”

妈妈用严厉的语气说这句话，好像不下来吃饭这个行为触及了她的底线，但其实她在说的时候已经开始为这个孩子不吃饭找理由：是不是零食吃得太多了？

妈妈说：“你看看有没有想吃的，下来，不想吃也下来。”

妈妈已经给了清晰的指令，就是你吃还是不吃都要下来。既然下了这个指令，如果孩子不下来，妈妈就应该上去把他抱下来。可妈妈后面怎么做的？

妈妈又说了："踢球踢了那么长时间，你不饿吗？你是因为累了不想吃了吗？那你下来喝点水吧，下来。我都喝了一杯。"

看，妈妈已经在给孩子找第二个理由：是不是踢球踢累了不想吃啊？不想吃就下来喝水。妈妈的话前后矛盾了。前面说必须下来，吃不吃都下来，现在说如果你不想吃，那你就下来喝点水。不知不觉间，妈妈把自己的底线又向后移了。

孩子还是不想下来，妈妈没办法了，她说："你过五分钟之后再下来，我们先吃了。你先休息五分钟好吧。"

如果你跟你的孩了的互动是无力的、无助的，那么你 定要从这样琐碎的小事中，去发现你跟孩子互动的本质是什么。

很多时候，妈妈很柔和地叫孩子做某件事，孩子根本不把妈妈的话放在心上，可一旦妈妈发了点火，他跟妈妈互动的时候，他投入的关注的比例就加大了。当他关注比例大的时候，妈妈立刻就柔和了起来。柔和是挺好的，只是遗憾的是，妈妈把自己的底线放低了。

最后这个妈妈的底线就变成了让孩子去休息五分钟。我们说的妈妈跟孩子互动的时候要言必信，行必果，这个妈妈就没有做到。

当妈妈一再退让，孩子会如何认知他和妈妈的互动模式呢？孩子会觉得：即使妈妈发火，只要我再坚持一下，她也是可以退让的。这样，孩子跟父母的互动，就会变得非要用底线才可以解决问题。

这个底线是什么意思？

有个爸爸问我："丽红老师，你讲了很多方法，但是对我们家小孩都不管用。"

我说："那什么对你家小孩来说是管用的呢？"

他说："不打是不行的。"

我说："那只能说明你家小孩比你还聪明。"

他当时就有点茫然了。

我说："你看，你让你的孩子9点钟去洗漱，你跟你孩子说：'还有5分钟。'你的孩子想，离我爸爸的底线还远着呢！小孩就继续玩耍。过了10分钟，你有点着急了，你说：'孩子快点去，都9点多了。'小孩想，离我爸爸的底线还有一段距离。小孩想继续玩，这个时候你真着急了，你说：'你快去，你再不去，爸爸生气了啊！'小孩想，我爸爸的底线快到了。最后你忍无可忍冲向孩子，说：'你这孩子怎么回事？'你扬起巴掌，这时候小孩一下就跑掉了。”

这个时候，爸爸想的是不打不行，小孩想的是我爸爸的底线到了。

底线互动是一种相爱相杀的模式。如果我们总是用底线去互动的话，就会让我们的关系受到伤害，就会让彼此都变得痛苦。

想要改变这种模式，父母就要行使主导权。如果孩子不下来吃饭，你跟孩子说：“抱歉，你要下来就餐，要不你自己下来，或者妈妈牵着你的手下来，或者我让爸爸把你抱下来。”

为什么让爸爸抱下来？因为如果小孩大一点，妈妈抱不动，会让小孩看到妈妈无力的一面，不要让孩子看到这一面。让孩子做一个选择。他不选择，你就让爸爸把他抱下来。下一次你说孩子就餐了，他就知道过来，因为不来的话，爸爸妈妈马上就会来处理，他知道妈妈的指令是有效率的。

有这个语言的效率，我们才能够行使主导权。孩子的行为要是偏离了方向，我们要引导他回到正轨。这个过程要平和、坚持。

曾经有个妈妈问我：“孩子上三年级，晚上做作业不给看，不给检查，说只要我不看、不检查，就不会不开心。

其实孩子的作业是乱写乱做的，怎么办？”

要不要妈妈检查作业是谁说了算的？这个案例里，是孩子说了算的。这是不可以的。

你要告诉孩子：“我检查作业，看到作业很糟糕的时候，我特别焦虑，但我会努力控制，同时也请你认真去写。无论妈妈开不开心、会不会发脾气，检查作业都是妈妈要履行的责任。我很抱歉，请你把作业拿过来。”

你不能因为孩子不开心，你就迷茫了，这样孩子就变成大的了，你就变成了孩子的孩子。

请大家看一个更复杂的案例。

有一个12岁的女孩存在以下行为：对手机游戏上瘾，上厕所、吃饭都拿着手机，学习没有动力，拒绝父母过问作业，很晚才开始写作业，拖拉到一两点才睡觉。上课犯困打瞌睡，学习成绩下降。对学习不在乎，没有学习动力，平时不收拾房间，容易暴躁发脾气。去年曾因为父母不满足她的要求，多次用刀割伤自己。

父母担心孩子伤害自己，没有办法行使主导权。当父母不能承受，又很痛苦、很害怕的时候，会怎样呢？就开始内疚。

妈妈说：“自从我学习过以后，我知道孩子的行为都是父母、家庭造成的，我对不起孩子，她 0 到 3 岁时，我没有怎么陪伴她……”

妈妈检讨自己。

我们都清楚，孩子现在出现的问题肯定是前期的种种原因导致的。但是我们唯一要做的是把所有的注意力都聚焦在现在应该如何支持孩子上。如果我们陷入内疚，会带给我们、带给我们的孩子什么呢？

因为内疚，父母就把责任完全揽到自己的身上。这时候能量就会在 30，这时我们是无力改变，也无法支持孩子的。如果我们必须跟孩子互动，请让我们的能量层级保持在 200 以上。能够待在爱、待在慈悲里面，这种爱和慈悲对孩子来说才是支持。

妈妈接着往下说：“时光可不可以倒流，我能不能再陪我的女儿回到 0 到 9 岁的时候？现在孩子到青春期，想跟她建立规则已经很难了，有的时候我跟她沟通协商，她直接拒绝。我和她说，为了她的眼睛和身体着想，家里建立了周末玩手机的时间规则以及晚上固定休息时间的规则，每个人都必须遵守，否则就会怎么怎么样，孩子听见直接就拒绝了。”

我觉得，第一，在这个问题上，目前孩子是大的，妈妈是小的，妈妈是孩子的孩子。一个奴隶，怎么跟奴隶主建立规则？那是不可能的。所以妈妈在处理这个问题之前，首先得是大的，孩子应该是小的，那才容易去建立规则。第二，建立规则的时候要民主，你不能直接告诉孩子规则是什么，你要坐下来跟孩子协商，问她觉得怎样玩手机是合理的、晚上什么时间睡觉是合理的，然后探讨出一个适宜的方案。

妈妈继续说：“每当周末，我们想带孩子去运动，去亲近大自然，孩子直接说不要，她要在家打游戏。”

没有力量的爱是纵容。在孩子 10 岁之前，妈妈是非常容易把主导权拿到手的，孩子 10 岁以后，再想拿到主导权就很艰难了。

如果你内在的世界有恐惧，恐惧的能量是很低的，所以你无法变成大的。你得先成为大的，然后才能够行使主导权。

第三节

划分家庭能量区域，构建孩子秩序感

心理学上有个破窗效应，说如果一间屋子的窗户破了，不去修的话，你会发现这个窗户会破得越来越厉害。因为有些人看这里反正是一间破屋子，会有意无意地去砸那个窗户，甚至会跳进去，在里面住，他们甚至会把这里当公共厕所。也就是说，**环境中的不良现象如果放任其存在的话，会诱使人们效仿，造成不良影响。**

生活中有很多琐碎的事情，如果人们不去处理，你会发现生活越来越无序、越来越凌乱。好比开车，如果红绿灯井然有序，交警的指示也特别有序，左拐、右拐、直行标志都非常清晰，即使是高峰期，车子走得慢一点，还是会有序地往前推进。可是如果一条马路上的红绿灯坏了，交通标志也不清晰，一到高峰期，交通可能马上就瘫痪了。

有的时候我们特别想放松和自由，但是自由和规则是相辅相成的吗？**规则不是制约自由的，而是保证自由的存在。**在家庭里建立一些规则，改变生活中一些琐碎的东西，表面上会很麻烦，可是如果我们发生了变化，在规则明确的生活空间里，我们其实会活得更加放松，更加愉悦，更加享受。

家庭如何建立规则

我们可以在家庭里建立哪些规则？

首先，要划分家庭能量区域。

比如把小孩子喜欢玩的玩具放在一个托盘里，要求他玩的时候把玩具一份一份拿出来。拖鞋的放置也要做规范，无论成人还是孩子，如果要脱鞋子踩到垫子上的话，就在地上放四个大脚丫、两个小脚丫。爸爸妈妈如果踩到地垫上，就把鞋子脱掉放到大脚丫上，小朋友要踩到地垫上，就把鞋子脱掉放在小脚丫上。这个时候家就会变得整洁有序。

有序的环境是成人帮助儿童构建的，不是儿童自己设计出来的。我们划分家庭能量区域，也是想让孩子透过自己的行为和体验完成内化，儿童自己在有序的环境中体验从哪里拿的东西放回到哪里的具体的工作，就能慢慢体验和感知环境的秩序，秩序感就是这么建立起来的。

其次，家庭能量区域界限要非常清晰。

有个小男孩对拆卸喇叭很感兴趣，他使用螺丝刀时，手部的灵活度相当不错。他的父母经过学习，知道当小孩工作得非常投入的时候不能打扰，要安安静静地在旁边。这很好，但我观察到他们的能量区域划分存在一个问题，就是功能区域的问题——男孩是在沙发上进行这些工作的，在工作的过程中，工具被放得到处都是，整个客厅就显得非常凌乱。

我的建议是，小孩如果投入玩这种零碎的东西，一定要买一张小的方桌，放在卫生间或者是接近卫生间的瓷砖地上，找一个角落让他在那里玩。因为在那里玩过以后，便于清扫，父母还可以带着孩子一起整理。如果我们不这么做，待会去收拾这些东西的时候，只会让我们的生活变得更琐碎，人变得很疲惫。

不要在沙发上做工作。如果孩子特别喜欢某项工作的话，可以买一个工具箱，把一些危险的工具收起来，把平口螺丝刀、梅花螺丝刀整齐放在一个盖了一块布的托盘里。只要他开始工作、使用工具，就可以把工具拿出来，安排一张桌子，坐在那里，从容优雅地开始工作。不要让孩子在沙发上也能裁剪，在茶几上也能裁剪，这样我们的家就会显得凌乱，同时孩子的秩序感也是乱的。

把秩序建构在孩子身上，当有一天孩子参与社会化工作，他就会把这种人性化、这种井然有序带到他的工作和生活里。

还有一些家长喜欢在床上和小孩子玩耍。不要这样做，不要在床上跟孩子玩。床是用来睡觉的，与睡觉无关的事情，比方说阅读、玩游戏，一定要离开床，否则孩子以后一上床就要先跟你在床上玩。我更希望你们家有一块小垫子作为分享、阅读的区域，在这块小垫子上可以做一点游戏，但是，也不要把这块小垫子用作工作区域，工作要在工作区域。尽量把家庭功能区域都划分开。

很多妈妈为了更方便地照顾孩子，她们总是让孩子住进主卧，也就是爸爸妈妈睡觉的房间。我不建议这样。

试想一下，妈妈在主卧里带两个孩子，两个孩子在那儿玩耍，爸爸工作一天以后很疲惫，回来做饭、洗衣服，等他忙完了，回到房间看到妈妈在给孩子读绘本的时候，会滋生怎样的情绪呢？他马上就会烦躁。大家都忙了一天，妈妈也不想带孩子，也想休息，可是孩子就在这里，不带不行。此时如果爸爸身边有个沙发，他就跑到沙发上躺着。妈妈自己忙成这样，看到老公在那儿躺着，妈妈也会有情绪。这样就会逐步影响两性关系。

事实上，爸爸在沙发上躺着，并不是因为不爱妈妈，而是孩子把很多琐碎、凌乱、疲惫带到主卧里，一进到这个房间，就会有琐碎、凌乱、疲惫、繁杂的能量影响夫妻关系。如果你不妥善处理好这些问题的话，就会出现“三年之痛”“七年之痒”之类的事情。**夫妻关系是整个家庭关系的支柱，和谐的夫妻关系本身就可以滋养孩子。**

当你有孩子的时候，你要把你的家庭区域做一点点改动。不用在装修上改造，用镂空的教具柜隔出不同的工作区域即可。你在客厅准备玩耍的区域、阅读的区域、吃零食的区域。如果可以的话，还可以整理一个工作的区域给孩子。如果空间小，玩耍和阅读可以整理成一个区域，让孩子拥有独立的区域。

这样当妈妈带孩子的时候，爸爸在主卧里，就有一个放松的空间。再交换，爸爸来带孩子，妈妈在房间里可以睡一个好觉，放松一下。当然也有可能奶奶过来帮忙，爸爸妈妈就都有放松的空间。等孩子睡着了需要陪伴，我们可以偶尔找其他人来帮一下忙。这样我们就会达到一个目的：把孩子的能量锁定在孩子这里，爸爸妈妈的能量锁定在爸爸妈妈的房间，进每一个房间的时候我们的感觉就会不同。也许你感觉不到，但是你感觉不到不代表这种感觉不存在。你不知道不代表不存在。

就像很多年前我们并不知道地球有引力，可是地球引力依然发挥作用。当有一天我们知道地球有引力后，我们就发明了洗衣机。洗衣机脱水的时候，离心率大于地球引力，水就向两边甩动，衣服就被甩干，这就利用了万有引力。如果我们能够觉察到这种规律，我们就可以运用它。

我经常到外地讲课，需要不停更换酒店，每一次更换酒店，我的能量区域也要被重新锚定，所以我始终都带着我的一个经常做瑜伽和冥想的瑜伽垫，还有固定几样东西，比方说精油、小珠子、菩提子等。到任何一个酒店我都会找一块小区域，铺上瑜伽垫，放上熟悉的小物品，摆一点绿叶和鲜花，这些固定的物品能让我立刻安静下来，因为它们帮我锚定了我在家里的能量区域。

我再做一个邀请，比较理想化，不是所有家庭都可以做得到。现在我们使用手机的频率实在太高，高到塞满了我们生活的全部缝隙。当有家庭成员坐在沙发上玩手机，坐在马桶上玩手机，吃饭拿着手机，家庭的其他成员就会非常焦虑。因为手机不离手，人就被忽略了，我们就会心生怨气，就会影响到彼此的关系。如何改变这种情况？我们可以在阳台或者某个固定位置放一个懒人沙发，接听电话或者玩手机游戏就指定在这个区域进行。

很多家庭划分玩手机的指定区域之后，家庭成员的关系就开始变亲密了。如果不这样做的话，手机会塞满我们的空间，影响我们的关系。恰恰是生活中的这些小事影响到我们，这就是我们经常说的：**让人疲惫的不是远方的大山，而是鞋子里的一粒沙子。**

我们必须在家庭建立良好的规则，在孩子成长的过程中为他构建合适的环境，为我们的生活建立更好的秩序。

第四节

好的学习习惯是养成的，不是被教导出来的

孩子上学难免要做家庭作业。

曾经有一个老师跟我说，他们班有个小男孩，爸爸妈妈都是公司老总，特别忙，小孩回家写不完作业，他的父母也不配合。

老师说：“烦死了。”她在那儿抱怨。

我说：“老师，我们除了抱怨，还可以做些什么呢？”

如果是我，我可能会跟孩子说：“很抱歉，如果你不能够写完作业，根据规则就要到办公室在我的面前把作业完成，这样你才有权利回家。”

这段历程至少要持续一星期，在这一个星期里，我们一定要做一件事情——在陪孩子写作业的过程中不停去跟孩子表达爱，比方说给孩子买个棒棒糖、小蛋糕，跟孩子开个玩笑、聊个天。如果你这么跟孩子互动，孩子在你的监督下写作业，他就很愉悦。这就会为老师和这个孩子之间存一些“爱的银行存款”。

为什么要存下“爱的银行存款”？那是为下一步的改变做准备的。

到了第二个星期，如果这个孩子继续没有写完作业，老师继续让他写。写完以后，老师跟孩子正式谈话。

老师说：“某某同学，老师有一件事情想请你帮个忙，这个事难倒了我，我已经很焦虑、很痛苦了。”

孩子说：“什么事呀？”

老师说："你知道吗？很多老师，他们的学生作业写完了，就可以准点下班，回家照顾孩子。老师也是一位妈妈，也想回家陪孩子。如果你写不完作业，我就要在这里陪着你写，这样老师就不能及时陪着自己的孩子。老师也希望可以支持自己的孩子。我希望你成全老师，你可不可以帮老师一个忙，在家里把作业完成？"

这个时候孩子会说什么？孩子很容易答应："好的。"

为什么呢？**因为人只有经由被爱才愿意更顺从，之前老师的爱已经在孩子和老师之间存下了爱的银行成本。**当老师这样说的时候，我猜这个孩子十有八九会说"好的"。

如果这个孩子说"好的"，老师说："你看这样好不好？已经放学了，你一到家就开始写作业，每隔二十分钟你就跟我视频一下，直到你的作业写完，可不可以？"

孩子说："好的。"

那老师就要花一个星期的时间，每天花 20 分钟跟孩子互动一下，看一下他写了多少，有的时候说这题可以这样做，有的时候告诉他他的做题速度变快了。等到一个星期或者是半个月以后，他在做题过程中能做到专心了，就可以说："你到家每40分钟跟我视频一下，直到作业写完。"等到40分钟以后，我们再锚定一段时间，最长21天，这个孩子如果依然可以做到，我们就可以让这个孩子不再视频了。如果不视频他也能做到，那就更好。如果不视频他做不到，那我们继续让他跟老师通视频电话，再锚定一段时间。

等到这个孩子可以做到自己写完作业了，老师就要在班会上表扬这个孩子。

老师说："今天的班会在开始之前，我先表扬一个同学。这个同学是某某，他的父母做生意特别忙，他在小时候没有养成独立写作业的习惯。可是这位同学为了能够照顾老师，让老师早点下班回家陪伴自己的孩子，克服了这个缺点，这一段时间都自己在家写完作业，这样老师就可以早点回家了。我要借用我们全班同学的掌声感谢他并欣赏他。"

如果你是这个孩子，你现在感觉怎么样？你感觉到的是指责还是接纳？尴尬还是尊重？羞愧还是自信？感受到的是惩罚还是爱？让我们来分析这些操作：

第一，老师为什么不批评孩子？

本来写不完作业，老师有权利批评孩子，但这个老师不但没有批评孩子，反而是说请孩子帮个忙，为什么要这样做？前面我们介绍了能量层级图，如果孩子写不完作业，老师批评孩子，孩子就会掉到羞愧、悲伤这样能量很低的维度里。当老师把学生自己在家里写完作业变成了给老师帮个忙，最后感谢和欣赏孩子的时候，孩子的能量就在500—540这样能量很高的维度里。羞愧还是自信是孩子的生命状态，你让孩子羞愧还是让孩子自信就是你选择给孩子的生存处境。

第二，养成好习惯须管、扶、放。

孩子在办公室和老师一起写作业，这个叫“管”。让孩子体会到如果自己不能管理自己，别人就会管理你。接着，孩子回到家，每20分钟跟老师视频一次，这个就叫“扶”。孩子坚持了21天，把独立写完作业这个好习惯内化到生命中去，老师就可以放手了。协助一个孩子养成好习惯是需要这样一个管、扶、放的过程的。

第三，不要让老师承担父母的职责。

有些家长会说：“哪有这样的老师？”或者说：“真倒霉，我的孩子怎么没遇到这样的老师？”如果你的孩子遇不到一位这样的老师，那能不能遇到一对这样的父母？拥有一对有爱的、有力量的、顽皮的父母是孩子生命中最大的幸运。老师也是一个人，工作时间也只有八小时，如果你让老师留下来陪孩子写作业，回家还要和你孩子视频好几次，老师就替父母做了本该父母做的事。我们只能邀请老师这样做，不能要求老师这么做。

第四，站在更高的维度思考问题、创造美好。

生活有时充满矛盾和冲突。当我们是老师的时候，我们希望拿全世界最高的工资，做最轻闲的工作，最好班级里一个“熊孩子”都没有。当我们是父母的时候，我们就希望我们的孩子可以遇到全世界最有爱、最付出、最敢于承担的老师。在生存这个维度，我们的需求充满了矛盾和冲突，当我们能够突破自身的局限性站在一个更高的维度去做事情、去思考问题，我们就可以创造人性的美好。

有的孩子在老师面前表现得特别得体，父母就对老师说："孩子是装的，他在家不是这样。"那我们就要思考：为什么孩子愿意在有些人面前装，在你面前却连装都懒得装？

生命陪伴生命，生命温暖生命，生命照亮生命，和孩子联结的时候，我们向孩子展示美好，孩子就愿意向我们展示美好。

有个家长有这样的困惑：

> 孩子今年十岁半，上四年级，每天都喜欢一个人玩，一会儿说他在做实验，一会儿要讲课，一会儿玩其他的玩得特别专注。以前家长怕破坏他的专注力，不管他，作业就拖到比较晚才完成，结果现在第二天起都起不来。不知到底是让孩子自己安排时间比较好呢，还是提醒孩子早点完成作业、早点休息好？

在我创办的学校，学生到了四年级的时候，老师们就会使用一种新的上课方式，比方说两个小时的时间里，语文和数学老师各讲 20 分钟，后面的时间孩子可以自由选择先做数学作业再做语文作业，还是先做语文作业再做数学作业，当然还可以选择先出去玩再写作业，或者先写作业后出去玩。

我们把自由度都给了孩子，但是前提条件是孩子务必在 12 点之前保质、保量把作业完成。

可有一些孩子出去玩，结果到了 12 点没有办法把作业保质、保量完成，他们就赶忙回来匆匆忙忙写作业。如果出现这种情况，说明这些孩子是没有延迟满足能力的，他们就要为自己的行为负责，也就是说第二天就失去了出去玩的自由。这个规则的含义是，**今天你没有履行你的责任，明天你将失去自由选择的权利**。让孩子立刻为自己的行为负责。第三天孩子又可以自由选择，如果他又没有把作业完成，就又要失去一次自由选择的机会。

写作业成了孩子约束自己、为自己行为担责的契机。你要让孩子这样去做，反复让他体会“今天我没有按照规定把作业写完，明天我就失去选择的权利”这一过程。只要遵守规则，你就会最大限度地享受自由。如果没有办法遵守规则，你就将失去自由选择的机会。孩子就经由这样一个历程成长。假如你的孩子一直都无法按时完成作业，那么一个月以后我们可以重新设置规则，那就是：如果你今天没有履行你的责任，你三天之内都没有选择的权利。逐步帮孩子增加难度，协助他养成自我约束的能力。

我们要时刻牢记：一个好的习惯是养成的，而不是被教导出来的。

第五章

孕育有创造力的孩子

感觉是自己内在世界经历的体验，是不可能被人教会的。儿童经由感觉发现自己的内在世界，等他们把自己内在的机制完全建立好了，再经由感觉去联结外在世界。

没有感觉，人无法联结音乐，无法感知纯粹的精神世界，无法抵达真善美的世界。发展感觉意味着无论孩子将来从事什么领域，都带着他独特又丰富细腻的感受能力创造生活、创造人生。

第一节

感觉是发现的智慧和认知的基础

前面我们说过，当我们给孩子吃苦的食物的时候，孩子本能就厌恶，因为他在用他的基础感觉来品尝食物，保护自己。

基础感觉是经由五官派生出来的知觉。感觉是发现的智慧和认知的基础。

3 到 6 岁的儿童正处于感觉形成期，他们的注意力会集中在对环境的观察之中，父母在这个时期应该帮助孩子自然发展，按部就班地安排感觉刺激。一方面为孩子的积极精神状态打下基础；另一方面，为了让孩子适应环境，也需要加入感觉教育。要知道，适应现代社会规则的人往往是能最大限度利用周围环境中的资源的人。

但是很多家长在孩子发现、感觉这个世界的时候是怎么做的？

> 有个孩子在玩玩具火车的时候，没有让火车在轨道上走，而是让火车像汽车一样开在平坦的地面上。家长看到了，马上就说："你这样不对，火车得在轨道上行驶！"

你觉得家长的做法有没有问题？火车要在轨道上行驶，这是成人的规则，但孩子的世界里没有这样的规则，他不想这样做，但家长认为应该这样做，而且家长坚信"火车应该在铁轨上行驶"是正确的，"这样不行！""这个应该放在这儿！"他根据自己的生活经验反复、粗暴地干涉孩子。这样的家长是不是随处可见？在这样的家长压制下长大的孩子，将来会怎么样？和别的孩子在一起玩耍的时候，看见其他人玩的习惯和自己不一样，他马上就会跳出来说：“这个应该这样玩！”

> 我就见过这样的孩子。当别的小孩子搭了积木，但他觉得那样不是他想要的样子的时候，他就会一把把积木抢过去：“你搭得不对！应该这样搭才对！”

这样的孩子，在大人眼中聪不聪明？非常聪明。他往往一下就能把事情“办对”。但我觉得，这样的孩子在玩耍的过程中的发散能力和创造性已经被扼杀得差不多了。有的孩子小时候被认为非常聪明，脑子反应快，但长大以后，他的学习和各方面的创造力并不好，就是因为他是被教出来或者人为刺激出来的。父母在生活中不断给他强加没有经过他认知而得来的生活经验，于是孩子就像巴甫洛夫的狗一样形成了自动条件反射，以大人的认知为自己的认知。

事实上，自己根据经验得来的结果会成为自己生命的一部分，而别人教给你的东西，只是别人的经验。真正的创造力是教不会的。

儿童应该在他自己的发展点上探索、努力、成功，将经验身体化。一开始这个过程会有点慢，但只要让儿童一遍遍重复经验，他的思维运转就会变快。

哈佛大学有个经典实验提出：当你让儿童学习全新的知识时，儿童不接受。如果你让他学习的内容他曾经学过，只有一丁点儿新内容，他也不接受。但是，如果其中有一大部分是他认识的、已经掌握的，少部分内容是他没有掌握的，这时候他接受得最快，因为儿童喜欢把一个事物跟另一个事物联系起来。

前文提到过的有一个文学工作者为什么之后能在古诗词上面特别有造诣？就是因为她的爸爸在她发展感觉的时候，没有灌输一些概念给她，而是让她自己去体会、去感受。人类探索和学习的过程就是从感觉这一步开始的。

有一个老师让我特别有感触。他想教孩子们认识“革命”这个词语，他说：“孩子们，今天我们学习一个新的词语‘革命’。”说完这个老师一反常态，命令孩子们把包打开，他就开始检查，并且大声呵斥孩子们，没收孩子们的东西。

第一天，孩子们觉得好奇怪，老师怎么会变成这样子？他们只是奇怪，因为他们之前跟老师关系特别好。但是之后每一天老师都非常粗暴地命令孩子们打开包，接受检查，没收东西，每一天都这么做。孩子们开始无法忍受，忍无可忍就开始抗议，说老师不可以这样，但老师根本不听。持续一段时间以后，孩子们终于没有办法了，他们去找校长，要求更换老师。

这个时候老师走进来，说："孩子们，这段时间你们就经历了'革命'的起因、经过和结果。"

这个老师在教孩子"革命"这个词语的时候，不只是教给孩子一个概念，而是让孩子去体验"革命"这个词语，体会"革命"带给人的是什么，这样他们对"革命"的认知就是多维度的。

教育要发展感觉。

孩子在0到12岁时，我希望孩子的概念、认知都是经由感觉而来，这样未来他们使用这些概念的时候就会更鲜活、更灵动、更有生命力。

内在感觉是五官产生感觉后的心理和情感反应。感觉越精微，生命越细腻、美妙；感觉越粗糙，生命就越肤浅；感觉越丰富，生命的广度就越宽。如果我们内在的感觉细腻，广度又宽，我们用一种方式把它记录下来，就成了创造。

第二节

发展感觉的同时，儿童的创造力也发展了

没有感觉我们就不能成长，这里的成长不是生理层面的成长，而是指无法在意识层面开启更高的维度。无论是父母还是老师，在孕育孩子的时候，一定要发展感觉。感觉可以打开更深层的世界，让你触摸到事物本质的边缘。感觉越细腻，越精微，越能从基础感觉上升到内在心理、情感层面的感觉，以及上升到灵感、直觉和创造。

儿童对于生命的感觉非常敏感，**感觉系统被破坏，人会像动物一般无意识地活着。破坏儿童的感觉就等于破坏一切。**

在成长过程中，孩子不仅要发展感觉，还要学习技能。绘画、跳舞、弹钢琴都需要学习技能。发展感觉和学习技能的关系是怎么样的？一定是先发展感觉再发展技术。

有一个美术老师带孩子们到户外写生，他们来到公园里，公园里有很多的树木，下面有一条笔直的小路，老师就让孩子们观察这条路并画在纸上。

有的孩子问老师："老师，这条路怎么在很远的地方好像交叉到了一起？怎么画？"孩子已经发现了一些要用到技法的地方，可是他没有办法表现出来，这个时候孩子就可以开始学习并使用技法了。

但我们要记得，所有的技术都是为我们的感觉、为我们的生命服务的。听到一段音乐，你有特别美好的感觉，你就可以用舞蹈功底把这美妙的音乐呈现得淋漓尽致。但如果对音乐没有感觉的话，就无法进入音乐的世界，更无法感知音乐，这时哪怕你的舞蹈技术再高，也是无法传达出有生命力的内容的。

有时我甚至觉得感觉要远远大于技术。假设要给一个人做衣服，首先要有这个人，才能做衣服。假如我面前没有人，我先做好一件衣服再叫一个人来穿，那这件衣服是没有办法与这个人完全匹配的。把衣服做好了，但是没有人穿，衣服就没有了意义。假如我们有了很好的技术，却没有感觉，就只能去弹别人的曲子，只能去模仿别人的画，而没有办法自己去创造。

很多家庭在孩子小的时候给孩子报美术兴趣班，美术老师没有先发展孩子的感觉，而是先教技术，让孩子画苹果，教他们画得很像。一个孩子如果很小的时候就开始画苹果，画得很像，模仿得特别好，就永远只能模仿别人，没有办法创造。模仿和创造就是工匠和大师的区别之一。

在孩子很小的时候，我们想让他学习绘画，先不要教他们画形状。我会让一年级或者幼儿园大班的小朋友，每个人闭上眼睛品尝一滴醋，品尝完了，用他喜欢的颜料把醋带给他的感觉描绘下来，记录下来。颜色的选择没有对和错，只要是这个孩子的感觉，都要被尊重和重视。接着让孩子们品尝辣椒，让他们记录辣椒的感觉……

随着孩子长大一点，我们可以让孩子画春天，画不同的春天，不同的孩子会有不同的画法，有的就是把看到的春天画出来，有的用颜料画春天带给他们的感觉。再接着，有人开始画鲜花、画草地……

如果我们画画只追求画得像、画得美、画得逼真，现在的手机、照相机拍的照片比画下来的真实多了。但是你看，凡·高画的向日葵很狂野，和真实的向日葵并没有多像，也不影响它价值连城，因为它是照相机没有办法拍摄到的，你在生活中也见不到这样的向日葵，这是带着凡·高独特感觉的、有着凡·高特别烙印的向日葵。

只有生命可以创造这样的作品。

有人畅想在未来某一天，乘坐交通工具到地球的任何一个角落只需要一个小时。如果科技发展到这一天，地球变成了“地球村”，社会会发生巨大的变化。到时候我家的孩子可能就不是跟你家的孩子竞争，中国的孩子不只是跟中国的孩子竞争，而是全球的孩子在一起竞争。这时候我们就要思考一个问题：我们如何让我们的孩子在十几年或者二十几年以后更具竞争力？

今天的教育工作者、父母站在国际化的高度来看待教育的话题，未来我们的孩子才能站在世界的中心、站在时代的风口上创造无数选择。未来是多元化的、个性化的、智能化的、多变的、无限可能的，什么样的人才能在未来不被人工智能取代？这是值得我们每一位教育工作者、每一对父母思考的问题。

大部分父母都最看重认知。孩子在小学一、二年级或者幼儿园大班阶段，很多家长就会给孩子报手脑速算班，但其实无论人怎么速算，计算机都算得比人快。我们把大量的时间放在这里，我们就驯化了孩子，这样孩子的成长就会有些缺失。我并不担心机器会像人一样思考，我担心我们的孩子会像机器一样思考……

目前的人工智能可以代替人类做很多事情，但人工智能是不能进行创造的。人和电脑比算术题目，比天文地理知识，估计是比不过的。人类最大的优势是什么？最大的优势是人类可以创造，人类本身就是独特的生命能量。而电脑只能记录，只是工具。

发展感觉意味着无论孩子将来从事什么领域，都带着他独特、丰富又细腻的感觉。感觉超出了想象、思考与逻辑，它直达真实，能帮助孩子深入自己内在的世界和事物内在的本质。感觉是最宏大、最基础的探索和学习的过程，是形成各种复杂心理过程的基础。

智慧的一部分并不一定来源于认知，对于孩子来说，感觉是他发现这个世界、唤醒自己的核心机制，是无法像认知一样被“教会”的。通过感知，每一个孩子经由更好地发展自己，从而让生命更柔软、更美妙、更喜悦、更智慧、更充满爱、更和谐地盛开，成为最具潜能的美好生活的创造者。

第三节

无法触摸到内在感觉，就不能真正成长

在我办的小学里，只要当天的学习任务结束了，小朋友就可以自由支配自己的时间，所以有了下面的诗：

吊床

自己玩自己荡

像朵小花真漂亮

这个孩子在描述什么？在描述她在吊床上玩耍的时候内在的心理和情感层面的感觉。当她描述自己躺在吊床上那种惬意、放松的感觉的时候，这种文字就能打动别人，因为只有心灵才能打动心灵。

内在感觉指的是心理和情感层面的感觉。当我们把内在心理和情感层面的感觉用文字表达出来的时候，我们就把它叫作文学，用音乐、舞蹈、绘画等不同的形式来表达，就是艺术。发展内在的心理和情感层面的感觉，对一个孩子来说有多么重要？有些孩子你让他写作文，他只会说早上做了什么，中午做了什么……只能写出流水账。而上面的这首诗的表达虽然有些稚嫩，但内在的心理感觉已经被孩子有意识地捕捉到了。如果这种感觉持续发展的话，孩子的生命会变成什么样子？

影片《战争与和平》里，一个女孩爱上了一位男士，她站在阳台上说："我感觉好像有人给我最美丽的礼物一样开心。这样的一个夜晚，我好像抱着自己，紧紧抱住，轻轻飞走，就好像你在听美妙的音乐，而且你知道下一首歌是你人生中最美妙的音乐，却被拉开，不能听下去，以后永远都听不到了。”

这个女孩在描述跟一个男士在一起时带给她的莫大的幸福感，这也是内在情感层面的感觉。当一个人可以触摸到这种感觉的时候，他的表达就变得富有生命力且打动人，生命就开始变得清明、细腻、美好。如果我们不发展这种感觉，我们就会对内在的世界一无所知。

《乡村爱情》里，玉田受伤几天，刘英没来看他。

玉田的父亲没有说：“儿子，我知道你受伤三天了，可是她还是没有来看你，我知道你有多么失落，多么挫败，多么悲伤，我知道，很不好过，很生气，你不明白她为什么到现在也不来看你，你甚至怀疑你们的感情，这让你很烦躁，是这样吗？”玉田爸不会这么说。

刘英来见玉田的时候，她内在也许有这样的感觉：我虽然没来看你，但我真的很担心，只是我还没有办法面对爸爸的阻拦，但这并不代表我不爱你。但刘英也是无法说这种话的。

再来看玉田的内心独白：刘英，你知道我多么悲伤吗？这么多天，这么多人关心我，你却没有来，这份失望，这份悲伤，这份挫败，让我怀疑我们的感情。当我面对这一切的时候，我很生气，想报复你，我要找一个更好的来证明给你看，我离开你也是可以活得很好的！但是玉田也没有办法说出这些，他只会说："你给我滚！"

这就是为什么人和人之间的感情那么不顺畅。**如果我们无法触摸到我们的内在感觉，就没有真正成长起来，生命就变得原始和粗糙。当我们无法触摸自己内在发生的一切，没有办法表达出来的时候，生命就被阻碍了，痛苦就开始了。**

第四节

感觉让儿童发现自己的内在的世界，也让孩子进入外在的世界

有这样一个例子：

> 一个大小孩和一个小小孩正在开心地玩桶和桶里的水，这时候有个成人经过，小小孩还是一直在玩水，但大小孩时不时就会看一眼成人，是大小孩的状态不好吗？

如果一个小孩成长过程中的活动经常被成人用简单粗暴的方式打断，这个小孩就不能完全投入地去探索世界。就像这个大小孩，他即使在玩水的过程中，也有一部分注意力被成人分散到外在世界去了。他要一边玩，一边确保不被制止。他要确保自己的安全，没有办法放松，这样他内在的发展就会受到影响。

小小孩则完全投入。虽然成人打断了他，他受了点影响，但他的注意力很快就会回来。

最后当妈妈突然要过来的时候，大小孩的反应是紧绷和恐惧，最后转身逃跑了。

试想一下，如果有一天你在走夜路，你的好朋友在你不知道的情况下，突然恶作剧，对你大喊一声："啊！"你会不会很害怕？瞬间你的气息就会卡住，你就开始紧绷，身体开始僵硬。

大小孩在刚才的过程里就经历了这些，这可能与他在成长过程中不停被干扰有关，他内在的感觉是不停地在内在世界和外在世界之间游离的。

小小孩目前没有太多被干扰的经验，他并不知道后面会发生什么，所有的注意力都在他探索的物品上。所以当后来妈妈训斥了小小孩，拍打他屁股的时候，小小孩懵懵懂懂，他根本就不知道为什么，他的认知还没有发展起来，但他一样可以经由感觉瞬间捕捉到事物背后最深的本质，那就是危险。但他又不知道该怎么办，所以他就靠近妈妈。其实他是在确认：我还安全吗？妈妈还爱我吗？但是妈妈根本就不知道他内心发生了什么，很快就走了。

我们能从这件事里观察到什么？

第一，成人的干涉对孩子来说是一种干扰。

儿童在感觉内在世界和外在世界的时候，无论成人是无意识地、粗暴地去干扰，还是善意地提醒孩子吃喝拉撒，这对孩子来说都是一种干扰，把他们从内在世界拉到了外在世界。

第二，对孩子的干扰会付出代价。

孩子感觉到有危险，不能全然感觉环境带给他的成长，就会把注意力放在防御上，这样他内在的智慧就无法开启，这将占用孩子巨大的时间和空间来统合。

第三，儿童经由感觉发现自己的内在世界，并经由感觉进入外在世界。

当儿童把注意力从自我转移到和妈妈的关系上，就进入了外在世界，这一天迟早会来临的，但是这一天来得越晚越好。儿童要用 6 到 7 年的时间，完全感觉自己的内在世界，等把自己内在的机制完全建立好了，再经由感觉去联结外在世界。

这也是儿童没有办法听从成人的指令的原因：他们全然活在自己的内在世界里。**7 岁之前，一定要给他们大量的自由探索和玩耍的时间和空间，**我们不能够让 5 到 6 岁的孩子花大量的时间坐在小板凳上，他们内在的生命机制要靠自由的空间来对大量的无意识碎片进行整合，以完成他们对这个世界最初的认知。等到他们把内在的世界建构好了，他们才会从容地、充分地、完善地经由感觉进入外在世界。

人想发现自己，彻底认识自己，必须有一系列感觉，感觉除了五种基础感觉以外，还有人对无限空间的感觉、辨别远近的感觉、辨别数量的感觉、辨别比例的感觉、辨别运动的感觉、辨别构成的感觉等，这些感觉指导着我们认识自己，又认识宇宙……

当我们的孩子有精准的感觉，可以敏锐地鉴别艺术的精巧之美，感受自然的和谐之美，自然界对他来说将是博大而生动的，他能在这永不枯竭的审美源泉之中不断汲取灵感，创造属于自己的美的世界。

感觉指导着我们认识自己，
又认识宇宙……

第六章

孕育高认知能力的孩子

儿童不是成人的缩小版，他们并非一生下来思维水平就达到了大人的程度，而是有着自己的阶段性发展特征。儿童凭借本能的兴趣去感知周围的环境，将环境中的信息加以组织、整理，内化为内在秩序，再对新的事物产生兴趣，开始新一轮认知……一步一步将认知到的概念整合成为一个系统。

皮亚杰认为，儿童的认知就是这样在已有认知结构的基础上，通过同化、顺应和平衡等机制，不断从低级向高级发展的过程。

第一节

孩童成长四大普遍阶段：感知运动阶段

皮亚杰的认知发展理论认为，儿童从出生到青春期以固定的顺序经历感知运动阶段、前运算阶段、具体运算阶段、形式运算阶段这四个普遍阶段。

第一个阶段感知运动阶段基本上在0到3岁，这个阶段，儿童不会通过与他人交谈事实来获取知识，只能经由“做”来完成认知。

假如给孩子一个录像机，许多熊孩子会拿着东西不停地往录像机的盒子里塞东西，塞进去再掏出来。硬币往里塞，刷子往里塞，香蕉皮也往里塞，什么都往里面塞。有句俗话说：“周半周半，掏坛摸罐。”真是父母的噩梦啊！但是孩子塞着塞着他就会知道：这个是“里面”，那个是“外面”。孩子经由这种“做”来获得“里面”“外面”两个概念的认知。但如果你坐在孩子旁边，告诉孩子“嘿，孩子，这个叫里面，那个叫外面，明白吗？”小孩就跟听天书一样，他吸收不了这个概念。

你只有让他去做，反复做，儿童的认知是“做”的产物。

假如时光倒流到录像机时代，录像机挺贵的，你家小孩刚好一岁半，一直把东西往录像机里塞，你会怎么处理？如果你只是在一旁说“不可以、不可以”或者直接把录像机拿走，你就阻断了孩子的发展，因为他正在探索里面和外面，但如果你让他继续把东西往里塞，你也很痛苦，因为我们得承认我们也是有限的，精力、财力、物力都是有限的。

我会怎么处理呢？我立刻去做一个类似录像机的木头盒子，上面有一个小盖子。当孩子往录像机里塞东西的时候，我直接把孩子抱到木头盒子这里，告诉他："孩子，你可以往这里面塞，但是不可以往那里面塞，谢谢你，妈妈爱你。"孩子塞满了以后，把锁打开，倒出里面的东西，这样之后孩子可以继续往里塞东西。

越小的孩子，越需要给他一个发展的通道，这样既满足了孩子的发展，又照顾到了我们的有限。

随着科技的快速发展，越来越多人家里出现了扫地机器人。两到三岁的孩子如何完成对扫地机器人的认知？他们会模仿扫地机器人是怎么工作的，摇呀摇，摇呀摇……趴在地板上……他们用整个身体参与来获得对扫地机器人的认知。

如果你只是让两三岁的孩子坐在那里，用语言告诉他："孩子，坐好呀，妈妈跟你说，扫地机器人底部有个转动的刷子，沿着一定的路线，转啊转啊，就把地板扫干净了……"孩子会迷糊的，这样的认知方式不适合儿童。再次强调，儿童只能经由"做"来获得认知。

当儿童在家中感知自己的身体、把握身体行为之后，他就可以支配自己的身体去探索外面的世界、开发内在的认知了。

第二节

孩童成长四大普遍阶段：前运算阶段

第二个阶段是3到7岁的前运算阶段。这个阶段的儿童逐渐开始使用象征性符号思维，出现心理推理，并更多使用概念。

什么叫象征性符号思维？比方说你刚拿起汽车钥匙，小孩说，爸爸你要出门了吗？他为什么这么问呢？因为他已经可以把汽车钥匙和汽车联系在一起，“汽车钥匙”就成了“汽车”这个交通工具的象征性符号。

但他们仍然尚未具备运算的能力。

孩子5岁学习珠心算、7岁学象棋，你觉得合不合适？早了！因为孩子的左脑从两岁半左右才开始发育。最新脑科学研究表明，男性左脑甚至要到25岁才完全发育成熟。

3到7岁是孩子左脑发育的初始阶段，抽象逻辑思维能力刚开始发展。国际象棋、围棋这类棋类活动，都是下一步想三步，要用到抽象逻辑思维，但这个时候孩子们的大脑还没有完全发育成熟，这些对他们来说难度太大了。

可能有的家长会疑惑，有一些孩子的确学了这些，而且学得很好呀。这里我要补充两点：第一，的确有些孩子的抽象逻辑思维会比大部分人提前发展；第二，0到12岁是生命唯一可以均衡发展的时期，如果在这个时期我们过度透支了他们的逻辑思维能力，生命在情绪、感觉、心理等部分就容易缺失，孩子的感觉可能发展不够精微，生命会更多偏向理性，不够温暖与柔软，他的人格可能不会被完整地建构。

养育孩子一定要尊重儿童的成长节奏。一棵小树苗刚刚移植到户外，你会不会在上面挂个秋千，让孩子们去玩耍？你只能等待、守望小树苗的根系完全地扎在土壤里，等树苗长成了参天大树，你就可以在上面挂个秋千玩耍了。**小树苗尚且不能过早、过度地承载，更何况是我们的孩子。**等孩子的身体、情绪、感觉、认知、心理、精神建构好了，我们就可以适度地培养孩子的兴趣爱好，开发孩子的天赋潜能。例如，6到9岁是一个人形成精神和气质的关键期，可以帮孩子报一些音乐、舞蹈之类的兴趣班，10 岁以后就勉强可以报围棋、象棋等要使用逻辑思维能力的兴趣班。

第三节

孩童成长四大普遍阶段：具体运算阶段

第三个阶段叫具体运算阶段，7 到 12 岁。这个阶段的特征是孩子能够主动并且恰当地使用逻辑，但他们的思维仍然存在一定的局限性，还不能够脱离具体的物理属性，不能真正理解抽象、假设的问题以及涉及形成逻辑的问题。

小学阶段学数学的孩子很可能碰到这类题目：鸡和兔共 30 只，鸡的总腿数和兔的总腿数一样多，那么鸡和兔各有多少只？

或者这类题目：甲、乙、丙三组共同完成一项工程，乙组单独完成需要 10 天，现在甲组单独工作若干天后，还剩下总工程的5/8，乙、丙两组又合作了4天，恰好完成，甲、乙两组共完成这项工程的几分之几？丙组完成这项工程的几分之几？

还有这类题目：有一个蓄水池，如果往里面注水，3小时注满，如果往外放水，4小时放干。请问同时注水和放水，几小时可以把水池注满？

有教授说："我在农村生活这么久，从来没有看到鸡和兔都放在一个笼子里。"也有人说："工程要是都这么执行，那就麻烦大了！"

这些题目不仅不大符合生活实际，而且从孩子身心发展特点来说，做这种题目有些过早了。

家长们，假如你现在对这些题目还有些疑惑，甚至不会解答，它有没有影响你现在的幸福感？庆幸的是，即使我们不会做鸡兔同笼问题、工程问题等问题，也不会影响我们的幸福感。我们现在幸福不幸福、快乐不快乐，和会不会解答这类题目关系不大。

既然解决这类问题跟我们现在的幸福关系不是很大，那就请我们养育孩子时不要焦虑，一定要有等待和守望的意识，不要过早地把这些题目给孩子，让孩子们在认知上超负荷发展，透支他们的逻辑思维能力。

第四节

孩童成长四大普遍阶段：形式运算阶段

第四个阶段叫形式运算阶段，是在 12 到 15 岁。这个时期人已经发展出抽象思维能力，儿童的思维已经超越了对具体的可感知事物的依赖，使形式从内容中解脱出来，这种能力一直持续到成年时期。

本阶段中个体推理能力得到提高，能从多种维度对抽象的性质进行思考，这时思维是以命题形式进行的，并能发现命题之间的关系；能够进行假设性思维，采用逻辑推理、归纳或演绎的方式来解决问题；能够理解符号的意义、隐喻和直喻，能够做一定的概括，其思维发展已经接近成人的水平；青少年不再局限于具体的形式，大脑可以进行归纳演绎，分清主次，思考“思考”本身，进而可能进行哲学层面的思考。

成人和儿童在认知方面最本质的差异是：当生命进入形式运算阶段，孩子的认知才可以逐步不依靠实物来认知，从而不再局限于具体的形式。这个年龄段皮亚杰说是 15 岁，我将它提前到了 12 岁，最起码也要到 10 岁以后，在这之前的认知必须以感觉体验、实物教学为根本，这是为了保证儿童的感觉、知觉、经验顺利过渡到认知。

第五节

体验式认知使儿童爱上学习

假设现在你们都不是地球人，而是从火星来的，没见过香蕉这种只有地球才有的水果。我是一位地球人老师，来教你们怎么认识香蕉，我翻开教科书，里面有张香蕉的图片。

我说：“火星来的同学们，我是地球人老师，现在由我教你们认识香蕉。香蕉是一种植物的果实，形状为长形，稍弯，吃到嘴里味道香甜，抓到手里湿湿的，黏黏的，滑滑的。同学们，跟我一起读一遍，香蕉是一种植物的果实，形状为长形，稍弯，吃到嘴里味道香甜，抓到手里湿湿的，黏黏的，滑滑的……”

“关于香蕉，考试的时候有三个重点，你们要特别注意。第一是形状，第二是吃到嘴里的感觉，第三是抓到手里的感觉。‘长形、稍弯、香甜、湿湿的、黏黏的、滑滑的’这几个词你们要画下来，考试要考的。回家把这些词抄三遍，并且背熟，明天考试。”

到了第二天，我说：“同学们好，今天我们要考试，来告诉老师，香蕉是什么东西？”

学生答：“一种植物的果实。”

我问：“形状呢？”

学生答：“长形，稍弯。”

我问：“吃到嘴里的感觉是……？”

学生答：“香甜的。”

我问：“抓到手里的感觉是……？”

学生答：“湿湿的、黏黏的、滑滑的。”

我表扬同学们：“你们都很认真，考试都通过了，都是好学生。”

很多教学通常都是这样脱离感觉的头脑式认知。这些知识用不了三年，很容易就还给老师了，因为记忆是很容易忘掉的。

怎样学习才不容易忘记呢？就是要遵循儿童的认知规律。

遵循儿童的认知规律

老师给每位学生发 1/3 根的香蕉，首先，让同学们把香蕉放到鼻子下面闻一闻，问他们能否闻到香蕉特有的味道；其次，让他们用手触摸香蕉，把香蕉皮剥开，闭上眼睛咬一小口，用舌头感知香蕉的味道，感受香蕉泥从齿尖滑过的感觉；再次，把香蕉皮去掉，把香蕉仁放在手心里去捏，如果有人捏的时候感觉怪怪的，甚至觉得瘆得慌，我告诉你，那是因为你离儿童时期已经太远了，一岁多的孩子不会觉得捏香蕉很恶心。我们把香蕉捏在手里，去感受刚才说的“湿湿的、黏黏的、滑滑的”几个词此刻对应的感觉。

这种感觉的获得不是通过逻辑，而是经由你的嗅觉、味觉、触觉感知得到，此刻这些词对你来说是一种真实的、可触摸的、鲜活的体验。

这种认知就叫体验式认知。

过去我们认为，人最大的储存器官是大脑，我们是头脑集中式智能系统，现代科学证明：人最大的储存器官是身体，我们的每一个细胞都拥有智慧，我们是分布式智能系统。很多东西可能大脑已经不记得了，但身体还会记住。启动我们的身体来参与认知可以达到四两拨千斤的效果。

让概念和感觉配对。当我们去捏香蕉的时候，手部有很多神经末梢，捏香蕉的感觉经由神经末梢传递到我们的大脑中，被大脑抽取破译为知觉，湿湿的、黏黏的、滑滑的，这些词和当下的感觉配对上，知觉就上升到概念，关于香蕉的认知我们就完成了。

当我们带小朋友到公园去玩的时候，小朋友可能到处摸摸，他去摸树皮的时候你不要说话，就让他去感觉，等他把这些感觉内化到生命里的时候，你就说一句："粗糙的，树皮是粗糙的。"

此刻我们的语言"粗糙的"就和摸树皮当下的感觉匹配上了。从感觉到知觉，最后上升到概念，孩子关于"树皮是粗糙的"的认知就完成了。

再打个比方说，一个小孩拿着毛巾在那咬啊咬，你先不要说话，你让他去感觉、知觉，等上升到经验，你再给他当下那个感觉命名为"软软的，毛巾软软的"。

认知就是这么完成的。

海伦·凯勒小时候为什么会脾气暴躁？就是因为她

无法把生活中的感知觉经验和生活中的概念配对上，她的认知就出了问题，也无法准确表达她接触到的东西。

她所知道的水、草、树等概念和她所体验的感知觉是完全割裂的，认知系统和感知系统都完全处于混乱状态。

而她的家庭教师遵循了儿童的认知规律，让概念与她当下的感觉配对上了，就这样把一位聋盲的孩子培养成了世界名人。

身体参与的学习永远不会忘记。你 5 岁的时候学会骑自行车，到了 30 岁，整整 25 年你都没有碰过自行车，你练几下就又会骑自行车了；你 5 岁学会了游泳，40 岁了，整整 35 年你都没有游过泳，你在水池里练一练，很快就又会游泳了。

但是如果你坐在这里，被告知一大堆骑自行车的注意事项：“骑自行车的时候，双手要握把，双脚用力蹬，保持平衡，眼睛要向前看……来，跟我复述一遍，怎么骑自行车？双手怎么办？握把！双脚怎么办？用力蹬！保持什么呀？平衡！眼睛往哪儿看？向前看！”

这些诀窍你都会背了，那就代表你会骑自行车了吗？不会骑自行车还是不会骑。你知道的、记住的和你会的是两码事。

有一个非常火爆的帖子是这么说的：当年你如此厉害，

你还记得吗？很久以前你会做三角函数，会解多元高次方程，会背文言文，知道辛亥革命的意义，理解“三个代表”重要思想，会画大气环流图，看得懂电路图，知道牛顿三大定律……但现在的你和我，除了玩手机、刷朋友圈，好像什么都不会了。

为什么我们学生时代背了那么多遍的这些东西，在工作之后，都忘得一干二净了？

传统教育认为学习就是学书本上的知识，有一部分孩子能学得很好，但是细细看来，不是他们学得好，是他们记忆得好。记忆当然很重要，但学习的本质不是记忆。

只在试卷上画物理电路图，有可能我们物理成绩很好，但在生活中不会换灯泡；我们在挂图上学心脏血管分布，但没有真正体会过身体的奇妙；我们在纸上写化学方程式，却无法在生活中运用化学知识……当学习就是学习书本，考试就是考书本内容的时候，所有知识都从书本中得来，孩子没有经历自我创造的历程，教育就只能为考试服务，不能为生命发展服务。

很多老师怎么教授动词、名词、形容词的概念的？

“名词”就是一个事物的名称；“代名词”就是用来代替名词的；“形容词”是用来形容名词的；“动词”就是解释名词的一个动作；“副词”就是解释动词的动作；“连接词”

能够把两个句子连接起来……

如果你让10岁以下的孩子只坐在那里，学学学、记记记，这样十分枯燥，不符合儿童认知发展规律。儿童对实物建立基本感觉的过程中，通过话语来教学是不对的，甚至是危险的。

有一个老师是这么教动词的：他让每个人带一截铁丝，两个人一组在教室里疯玩，老师只要一说停，无论此刻在干什么，一个人都要停在那里，然后另外一个同学要依照这个人现在的动作用铁丝折出来。

等小朋友折完了，老师就请同学们分享折的是什么。

小朋友说："奔跑。"

另外一个小朋友说："我折的是哈哈大笑。"

有的小朋友说："我折的是跳跃。"

有的小朋友说："我折的是他在踢腿……"

老师就把"奔跑""哈哈大笑""跳跃""踢腿"写下来，然后告诉孩子们："这些都是动词。"

这样的教学就符合10岁以下孩子们认知的特点，小孩子学起来就不枯燥。

小朋友是怎么完成对杯子的认知的？当周围有人拿一个

杯子喝水，孩子捕捉到了这个画面，这是本能的兴趣，一个人拿杯子喝水的画面储存在他的大脑皮层信息库里。当另外一个人在他面前喝水的时候，他脑袋里又出现了这个人拿杯子喝水的画面，他又记下来。当孩子看到大家在喝水，看见一次，脑袋就记录一次，这些画面就帮助孩子形成了经验。

> 有一天，我给孩子一个杯子，玩一玩，敲一敲，摇一摇，盖个盖子，喝一口水，对孩子说："杯子，孩子，这个是杯子。"这时，旧有的经验形成了一个概念，孩子对杯子的认知就这样完成了。

你不能用抽象的定义告诉孩子什么是杯子，跟孩子说杯子有瓷的、玻璃的、圆的、方的、带把的或者不带把的等，小孩不是这样完成认知的，他们依靠感觉、知觉、经验、概念，最后形成概念群。

当我们告知一个从未见过香蕉的成年人，香蕉是湿湿的、黏黏的、滑滑的，成人可以从大脑皮层信息库中调取湿湿的、黏黏的、滑滑的感觉经验，这种经验可能是捏鼻涕虫或者抓泥鳅时带给他的"湿湿的、黏黏的、滑滑的"的感觉，这种过往的感觉能帮助成人完成对这些词的认知和联想。

孩子们的年龄小，体验少，感觉也少，尤其是那种天天被抱着的、待在温室里的孩子，没有很多感觉、知觉的经验，大脑储存的信息资料库特别少，如果你给孩子一张本身已经很抽象的香蕉图片，再告诉孩子捏香蕉的时候是湿湿的、黏黏的、滑滑的，儿童大脑皮层信息库中调不出这种感觉经验，怎么办呢？他们只能靠死记硬背来完成认知。这样，认知的过程就会变得枯燥、痛苦、难熬。

给孩子自由，孩子才会对某件事物开始感兴趣，这就叫本能的兴趣。有了本能的兴趣，孩子就会去感觉它，从感觉上升到知觉；体验它，用心智加以组织整理形成概念，再在内在建立有序的系统，这就是概念群；接着又对未知事物有了兴趣，完成新一轮的认知，基于经验和以前的概念形成理解、判断，接着进行下一轮的认知。孩子们的认知过程就是这样一步一步螺旋式发展的。

如果我们想让孩子在未来学习中的认知轻松、鲜活、极具潜力，我们就要让儿童在10岁之前体验数以万计的感觉，这个过程的完成不可由他人替代，不能通过语言和文字，必须经由感觉体验和实物教学得来。

第七章

孕育内心丰盛的孩子

心理学家阿德勒有这么一句话：幸运的人一生都被童年治愈，不幸的人一生都在治愈童年。

如果在孩子小的时候我们让孩子远离爱，不给予孩子爱，不用等世界拒绝他，他自己就把世界拒绝了。

世事无常，比不上你内心荒凉。只有经由内在成长，内圣外王，才能应对外在一切的无常。

要让孩子内圣外王，孩子的内心得是丰盛的，如此他才能够在外在创造丰盛。如果孩子的内在是匮乏的，那他在外在只能创造匮乏。

第一节

充足的心理营养才能丰富孩子的生命

人类长大和动植物长大的区别之一是：人类长大的过程中，需要有他人持续关注孩子的心理。

这个心理怎么理解呢？就是每个人成长过程中都需要被欣赏、被尊重、被认可、被接纳、被允许、被关注，要感觉到自己活着有价值、有意义、有自由，同时有安全感。这个就是我们说的心理营养，也是心理需求，也是这个世界永恒不变的话题——爱与被爱。

被欣赏、被尊重、被认可，当我们读到这些词的时候，它们只是一个个概念，但是这些词要在养育孩子的点点滴滴的过程中显化出来，成为孩子成长历程中的经验，让他感受到被欣赏、被尊重、被认可。

让孩子体会到被欣赏

有一天，我在学校看到一个小男孩被另外一个小男孩推了，老师请推人的小男孩给被推的小男孩道歉，道完歉以后，推人的小男孩就离开了。

这个被推的小男孩想想还是很生气，他就在那里握紧拳头，很愤怒。

我看到了，走过去，我说："嘿，看起来你好像还有些愤怒啊。"

小男孩恶狠狠地对我说："哼，我恨不得抓死他。"

我说："哇，你真了不起啊！你知道吗？我太吃惊了，你那么生气、那么愤怒，你恨不得抓死对方，可是你都牢牢地控制住了自己。你跟我说说，你愤怒的时候是怎么控制住你自己的？很多成人在愤怒的时候都没有办法控制住自己，你能跟我分享你是怎么做到的吗？”

我这么一说，小男孩抬头看我一眼，说：“因为我是大班的。”

我说：“哦？大班小朋友都可以做到这样，真了不起。”

这个小男孩一溜烟就往教室跑。

我尾随在后面，等到这个孩子进入教室，对他们的老师说：“老师你过来一下，你知道吗？你们班的这个孩子他刚才特别愤怒，都恨不得抓死对方，可是他都控制住了自己，没有去伤害对方。他告诉我，大班的小朋友都能做到这样。”

我跟老师这样对话的时候，有意要让这个孩子听到。这个孩子一听到我当着他们班老师的面夸他，瞬间飘飘然，连路都走不好了。我是在做什么呢？我在满足这个孩子被欣赏、被认可的心理需求。当我满足了这个孩子被欣赏、被认可的心理需求，他就不在愤怒的状态里了。这就是做了转化。

给予孩子价值感

我的孩子只有三四岁的时候，我经常出差。有一次出差时间特别久，等我回来以后，女儿就跟我说："妈妈，你给我讲故事吧。"

我心想，这么久没有见到我的孩子，今天给她讲个故事，也要在心理层面支持她一把。我就编了一个故事，说："有一个叔叔，他戴着一副墨镜、留着一撮小胡子，把一列动车停在我们家门口。"

女儿说："妈妈，你的故事有漏洞，因为动车是不可能停在我们家门口的。"

我知道，但是一定得是个动车，不能是个拖拉机。

"叔叔从动车上跳了下来，把动车门打开，你知道这动车上面装的全是什么？全是人民币，都是一百元的大钞。"我这样两眼放光地跟女儿说。

女儿很吃惊地看着我。

我接着说："那个叔叔就问我：'张丽红，你喜不喜欢这一列动车的钱呀？'我呢，两眼放光，嘴巴都流着哈喇子，我可太喜欢了呀！我一辈子也没见过这么多钱。

"那个叔叔说：'只要你做一件事，这一列动车钱就全归你。'

“我说：‘请你告诉我，你让我做什么我就做什么，只要能获得这一列动车的钱。’

“叔叔说：‘很简单，你只要把你女儿给我，这一列动车的钱就全归你。’

“这时候我说：‘癞蛤蟆想吃天鹅肉！’

“然后你爸爸立刻站起来，一手拿着铁叉，一手拿着扫把，就像青蛙弗洛格一样跳出来说：‘快滚开，如果你不滚开，我就把你的头啪啪啪地打几个大包！’

“那个叔叔就灰溜溜地开着动车走了。”

我现在还记得当我这么说的时候我女儿的样子，她躺在床上哈哈直笑，笑完以后，问我一个问题，她说：“妈妈，我真有这么值钱吗？”

你的孩子有这么值钱吗？其实你的孩子对你来说，有这么值钱，拿多少金子都不换的。

我说：“你知道吗？你对你妈妈来说就是这么值钱，只是妈妈没有跟你说，你不知道而已。”

在孩子小的时候，你如果想满足他爱与被爱的心理需求，特别简单，一个故事就能让孩子感受到自身是有价值的。

如果你的孩子很小，他对金钱没有概念，那你不要和他分享这个故事。如果他已经四五岁，对金钱有概念了，你就可以讲这个故事。但是如果你的孩子已经 14 岁了，你说："孩子，来，我给你讲个故事。"你的孩子会说："什么？妈，你不会把我当弱智吧？"

孩子越小的时候，给予他们心理营养就越容易。一个拥抱，读个故事，可能他就满足了。如果你在孩子小的时候没有给予他充足的心理营养，等他大的时候你再想给予他心理营养，相对来说就更困难了，他对你的要求会更高。

给予孩子被接纳、被关注的感觉

我特别喜欢一个老师，有一天他上课的时候，为了表示对每个小朋友的关注，他开始唱歌，歌词里有琪琪的黑帽子、涂涂的小红包、花花的黑皮鞋等每个小朋友的物品，轮到丫丫的时候，老师问："丫丫，你打算让老师在歌里唱你的什么物品呢？"

丫丫就拿着自己的项链说："我的红色项链吧。"

这个时候，其他同学说："老师，丫丫的项链是黄色的。"

当一个孩子说“我的项链是红色的”，可是全班同学都说项链应该是黄色的，这个孩子会不会难堪呢？会的。虽然孩子很小，但是他们依然有心理活动，会难堪，会觉得不好意思。

老师应该怎么处理？

老师说：“丫丫说自己的项链是红色的，可是有一些同学说它是黄色的，大家可以在教室里找到红色或黄色的物品吗？”

老师进入了教学。

当他进入教学的时候，他把这个问题巧妙地从丫丫身上转移走了。孩子们都跑去找红色或黄色的物品。

当孩子们回来的时候，老师找一个绝对不会出错的孩子说：“请你来说，琪琪。”老师为什么一定要找绝对不会出错的孩子呢？因为老师要给孩子做示范。

琪琪说：“这个是红色，这个是黄色。”

老师说：“请你来说，图图。”

等图图回答后，老师再叫一个人来回答：“皮皮，请你来说。”

他让全班的小朋友每个人都说一遍，假如一个班级有十个孩子，每个人都说了一遍，就等于给丫丫示范了九遍。

这时，老师说："丫丫，你现在决定叫你的项链什么颜色呢？"

我猜，大部分人如果是这个老师的话，会这么说："丫丫，你现在知不知道你的项链是什么颜色呢？"

"你决定叫你的项链什么颜色"和"你知不知道你的项链是什么颜色"这两者是有差异的，这个差异在于是否被尊重。

结果丫丫拿着自己的项链，摇摇头说："我还是决定把它叫作红色。"

当孩子说"我还是决定把它叫作红色"的时候，事实上这个孩子已经知道它是黄色的了，只是她特别难堪。老师的这句话就成为孩子的一块遮羞布，让孩子的自尊被很好地照顾。这就是一份允许，也是一份慈悲。

这个时候老师就说了："丫丫的项链是黄色的，可是她喜欢叫它红色，那我们就来唱丫丫红色的项链吧。"

一只手是孩子的认知，另一只手是孩子的自尊。这个老师把什么看得更重要呢？是认知还是自尊？自尊。

一个两三岁的孩子已经知道什么是红色、什么是黄色，就算他不知道，总有一天他也会知道。可是孩子的自尊要在生活的点点滴滴中建构。老师在这里做了选择，他放下了认知，留下了自尊。

在这个历程里孩子体会到了什么？被尊重、被允许、被接纳，同时也获得一份安全感。

那么，如何在生活的点点滴滴中把这些显化出来，让孩子体验到这些词，给予孩子充足的心理营养，而不让这些仅仅停留在一个口号、一个概念的层面上呢？

第二节

如何给予孩子心理营养

帮助最小化

在幼儿园，小朋友的纸尿裤湿了，老师会怎么做？我见过一个老师，她轻轻触摸小孩一下，和小孩说："要到卫生间去换纸尿裤。"然后转身走掉。当孩子去了卫生间有脱裤子的动作之后，老师就蹲下来，轻轻帮小朋友脱那么一点点，在我们看来是很吝啬的、很微不足道的一点帮助。但其实这就叫帮助最小化，就只做一点点。

这个孩子有脱裤子的动作，说明他已经在老师协助下形成了这个习惯，是很了不起的。孩子很小的时候是很容易发呆和打岔的，而这个这么小的孩子已经开始学习如何照顾自己、照顾环境了。

当小朋友坐着提不上裤子的时候，老师就请他站起来，等待他穿好裤子。如果穿裤子对于他而言实在非常难，老师就协助他。

婴儿大脑神经元是连接不完善的，必须经过大量感觉体验活动才能发展。如果我们在孩子的成长过程中不停地协助他，孩子的神经元就不能发展得非常好。

在养育孩子的过程中，我们要努力管好自己。该做的做，不该做的不要做。

有些小朋友看书的时候书是反着拿的，很多老师或者家长会忍不住把书翻过来。在我的幼儿园，我不允许老师和其他人把小朋友的书翻过来，因为我知道小朋友不会一辈子这么看书，总有一天这个小朋友会把书拿正确的。当小朋友有一天自己把书拿正确的时候，这叫作自我建构。

把自我发现、自我总结、自我完善的机会留给孩子。

为什么我们一定要在养育孩子的过程中尽可能做到帮助最小化？

父母养育孩子，最终的目标是让孩子有一天可以脱离我们也生活得很好，因为未来的生活是孩子自己的，我们只是孩子成长历程中的一个协助者而已。

把孩子的成长还给孩子，把童年还给儿童。孩子的人生终究是孩子的，不是我们的。即使你紧紧抓住，你迟早有一天还是会放手的，你不放手，有一天大自然也会让你放手的。

"爱"的指责

父母需要经由孩子的行为触摸孩子背后的心理。

有一个小男孩经常跟同学打架，学习又不大好，考试经常倒数第一，又喜欢捣乱。邻居总是到他们家里来闹，爸爸妈妈也经常被老师找到学校去谈话，最后他们没有办法了，决定把孩子送到寄宿学校。

这是很多父母养育孩子的一个误区。当孩子遇到一些问题的时候，我们总希望找一个老师把我们的孩子搞定。其实**真正智慧的父母是找一个老师把自己搞定，然后自己把孩子搞定。**

这个 10 岁左右的孩子来到寄宿学校，有一次在上课的时候，他看到窗外的鸟妈妈在喂小鸟，他也想念妈妈了，就开了小差。老师发现他开小差，就打了他。

当孩子在学校里没有被及时支持，反而因为一些事情被老师惩罚的时候，他会焦虑、压抑、恐惧、难堪、沮丧、悲伤。

想象一下这个小孩的处境：他刚到学校里，这个学校氛围也不是很宽松。老师讲的东西，他还没有适应，完全听不懂。他每天都被问“为什么就你不行”，被“你真的很糟糕”的指责包围，被老师直接把作业本扔到脸上。压抑、愤怒就成为孩子的常态，最后孩子开始厌学了。

但最后父母只是看到了孩子厌学这个结果，很头疼。

我来分析一下孩子背后发生了什么。

如果一个人有情绪，却把情绪宣泄在别人身上，这叫指责。如果我们可以很一致地表达我们内心的情绪，而不是情绪化地表达，这叫一致性。

男孩在课堂上讲话了或者开小差，老师就会指责他，指责得多了，当妈妈来接孩子的时候，老师就会让父母分担一些自己在教学上累积的心理压力，会把情绪宣泄到父母那里。

一个孩子上课开小差有几种情况？第一种，老师讲的东西他都会了；第二种，老师讲的东西他都不会；第三种，老师讲得太枯燥了；第四种，孩子想念妈妈了；第五种，孩子的注意力品质没有达标……

而老师没有这样一条一条分析，只是很武断地对家长说："把你孩子带回家，看看他有没有多动症。"

妈妈瞬间就想，我这孩子上课不注意听讲！

不注意听讲就意味着什么呢？意味着他学习成绩不好，学习成绩不好就意味着考不上重点初中，考不上重点初中就考不上好高中，考不上好高中就考不上好大学，考不上好大学，这一辈子完了！

当妈妈完全被潜意识操纵的时候，她瞬间就感到焦虑，她可能就会指责自己的孩子说："走，我带你回家，我看你到底能不能坐得住。你上课不听讲，你干啥呢？"

一个孩子处在这种状态里，他的心情不会好的。

有一天，这个小男孩跟一个同学在操场上一起玩，有一个球明明是小男孩先选的，结果那个同学非说是自己先选的，这个男孩一怒之下就咬了同学一口。

如果你是老师，发现这个孩子昨天上课走神，今天又咬了别人，你会怎么做？你肯定又要叫家长。

老师就把男孩父母都叫过来了。爸爸、妈妈和老师一起指责孩子。无助的孩子面对三重压力，腹背受敌。

小男孩在学校和家庭之间被推来推去。

我给这个画面取个名字，叫作“爱”——因为我爱你，所以我才管教你。

很多父母经常说：“马路上那么多孩子我为什么不管，就管你？就是因为你是我的孩子，我爱你。”但孩子在这个处境里是无法感受到被爱的。

我们给孩子的到底是爱还是伤害？我们如此爱孩子，真的在心理层面支持孩子了吗？

如果一个孩子童年获得的爱与尊重少的话，他的破坏性行为就会多，建设性行为就会少。有些孩子到了一定年龄，他走路看见小石子都要踢一下。

总有一天孩子会长大。到了青春期，你说他一句，他要还你八句，这叫独立宣言。他长大了，有力量反抗你了。

我们总是以为我们的孩子长到 18 岁就可以自动服务于他人，服务于社会。不是这样的。**我们只有让孩子在小的时候获得更多爱与尊重，长大后他们才可以让爱自然流淌出来。**

就像这个案例中的孩子，有一天他成了老师，或者成了父母，他会怎么跟他的学生或者他的孩子互动呢？肯定和他自己的老师以及父母的处事方式差不多。这就叫生命的复制，我们的生命就是这么一代一代复制下去的。

如果这个小男孩的老师看到孩子上课在折纸飞机，他表面上不动声色，回家以后学习各种折纸飞机的方法，之后他来到学校，对孩子说："孩子，来我的办公室，我们一起折纸飞机。"

他跟孩子折了很多纸飞机，折完以后，他问孩子："你看我们在这折纸飞机和你上课折的纸飞机有什么不同？"

孩子说："上课的时候我很怕你发现。"

老师说："那我们约定，以后如果你想折纸飞机，你可以来办公室到老师的旁边折，但是上课不可以。上课我们用心听讲，安静地听老师讲课。"

孩子会怎么说？孩子会说："好的。"

爱与被爱是人类一生永恒不变的话题。无论你是富有的还是贫穷的，是健康的还是患病的，是老年人还是孩子，都需要爱与被爱。

有一本书叫《男孩要穷养，女孩要富养》，但我的建议是，无论你的孩子是男孩还是女孩，在心理层面，在人类共性的更深维度的渴望层面，都要富养。

萨提亚女士有句话叫："内在和谐、人际和睦与世界和平。"解决孩子问题的时候用更轻松、更有爱的方式，孩子就会在一种宽松的、有爱的、受尊重的又带着引领的模式下长大。如果父母和老师都这样做的话，这就变成孩子新的成长环境，孩子长大以后就会用这样的方式和自己、和他人互动。

有爱、有力量的父母

在某个幼儿园，推椅子会划花教室木地板，因此老师不同意孩子们推椅子，班级里的孩子就发脾气了。

面对这种情况，老师怎么处理？她果断就把椅子拿掉了。小一点的孩子只能在那跺跺脚，可是大一点的孩子就不止跺跺脚了，他拿着椅子继续推，老师看到这种情况之后，坚决把椅子拿走了。拿掉以后，老师开始给小朋友讲道理。这个老师边讲边示范，告诉孩子，如果他这样做的话，木地板会有划痕。老师示范过以后，小朋友还是在那跺脚。过了好长时间，老师反复示范，平和、坚持，孩子们终于在哭声中接纳了"搬椅子的时候不能拖着椅子走，而要把椅子搬起来"这件事情。

拒绝不是伤害，带着情绪允许才是伤害。

这个大一点的小孩的妈妈后来告诉我一件事，特别好玩。因为这个妈妈可能以前知道父母要有力量，但是又不知道怎么使用力量。有一天，她跟孩子互动，她说自己正在学教育学，小孩说："教育，你学个鬼，学了教育，这几天对我这么凶。"孩子说这句话，一定是因为妈妈在学完、变得有力量以后，对这个孩子变得"凶"了。

我要告诉这个妈妈，当你开始跟孩子有力量地互动的时候，你的孩子会有一个反抗期，但依然要平和地去做，同时坚持。纵容孩子的父母，是没有力量的。

父母一定要持续学习，无论之前发生多糟糕的事情，现在都要学习。我们要变成家庭的支点，成为家庭的新起点。

不要总待在你的问题里。总待在问题里，问题是解决不了的。你的问题是你的大脑创造的，大脑创造的问题要由大脑来解决。如果目前解决不了，我们可以：第一，借个大脑使用；第二，让自己的大脑升级。这样我们才能够解决问题。要想懂得成长的规律，你要先在道的层面持续学习，再去做改变。

不要害怕绕了远路。两个质量、大小相同的小球，同时从高度一样的起点滑落，一个走直线，一个走曲线，曲线上的小球会先到达终点，因为曲线上的小球在走弯路的时候，弯曲的线在为这个小球做加速度。养育孩子也是这样，可能我们真的走了一些弯路，但弯路上的经验有一天也许会为养育孩子提供加速度。所以不要气馁，只有自己改变了，孩子的改变才有可能发生，只有自己有爱、有力量，才有可能让孩子也变得有爱、有力量。

塑造生命的底层

让自己持续成长的过程中，我们要怎样才能走进家庭成员彼此的情感世界，怎样将自己的爱与力量传递给家人？

我希望在一开始的时候，整个家庭能在一起做情感世界游戏。如果你们家除了爸爸妈妈还有爷爷奶奶等其他家庭成员，那就全部参与。做了游戏探索完情感世界以后，发现的问题要在会议上表达出来。表达的时候会把中间隐藏的一些东西化解，这样彼此的关系就越来越和谐，越来越亲密，爱就可以在家庭中流动，这样的互动可以滋养家中每一位成员。

有一个家庭在听完我的课之后决定回家开家庭会议，做情感世界游戏。

我来分析一下他们做游戏的过程：

一开始是孩子分享自己最近遇到的烦心事：他在考试中没考好。

注意，当我们在做情感世界游戏练习的时候，不要上来就跟孩子做工作，要先跟爸爸做工作，再跟妈妈做工作，最后才轮到孩子那里，让孩子在陌生的场景里先放松放松，适应一下。因为我们是成人了，成年人先承受压力，不要让孩子来承受这个压力。

当孩子分享自己的难过的时候，我们应该如何应对？你一方面倾听，一方面更要了解他，最好还能帮孩子做转化。

如果我们曾经过度用小红花、100 分来评价孩子，当孩子长大以后，就会用外在的自己的表现来评估自己。当他没有考到 90 分的时候，他觉得自己是不够好的。

妈妈在跟孩子互动练习的时候，不仅仅要听孩子说什么，更要用你的视觉、你的听觉来感知这个孩子。

如果你说："哦，那真是太遗憾了，你原本想考 90 分，可是没想到没考好，你一定很失望，是不是还会有点难过呀？"你不要停在这里，要继续探索他的冰山。

你可以接着说："现在你怎么看待呢？"

不管孩子怎么说，最后你一定要回到“接纳”这个点上，说：“其实你也是想考好的，你已经尽力了，尽力就是生命最好的答卷。”摸摸他的肩膀，搂搂他，让难过这种情绪过去，把这件事情对他的影响降到最低。

如果你说“嗯，还有吗？”，那你并没有做到倾听并联结孩子，你只是单纯做了“听”这个动作而已。

如果不触及孩子生命的底层，不去倾听孩子内心的声音，即使孩子看上去把书读得很好，那也只是他的一种自救方式而已，他生命的底层是无法支撑他面对长大后的风风雨雨的。

> 分享我做过的一个真实案例：一个女孩，22岁，是中国人民大学的研究生。因为一些事情，她承受不住内心的压力，六个月的时间，体重从80斤涨到了160斤。从某种意义上看，这个孩子好像已经成功了，但是一些出乎意料的事情的发生，会让你发现她的生命底层无法支撑她的未来。中国人民大学的研究生变成了这个样子，进入一个非常糟糕的状态，父母怎能承受这一份失望？

如何避免这种情况发生？

如果现在我手里拿着一个手电筒，光在远处，现在我想让远处的光从地板上移到天花板上，我只需要做一件事情，就是在源头轻轻抖动手电筒，这个光就可以从地板移到天花板上。这个实验的原理是，从源头解决问题，就可以达到四两拨千斤的效果。

处理一个幼儿园小朋友推椅子不听话的问题和处理一个闹腾的青春期孩子的问题的难度是不一样的。12 岁之前的孩子的问题是非常容易解决的。但是我对父母们的期待可不是单纯解决问题。我希望你们的孩子没有问题，可以发展得很好。

高手不是解决问题有多厉害，而是让问题连发生的机会都没有。

父母持续学习最终的目的是什么？我们要把 0 到 12 岁孩子生命的底层建构稳固了，这样孩子才能**用 12 岁之前获得的成长资源，支撑他们未来面对的所有问题。**

第三节

获得爱的程度决定孩子的灵动程度

在孩子 0 到 3 岁的时候，妈妈对孩子的影响是巨大的，3 岁是一个孩子一生安全感形成的重要阶段，妈妈性情的稳定对孩子来说是非常重要的。爸爸参与养育孩子，最晚不要晚于孩子 4 岁。爸爸的陪伴会让孩子有很高的自我价值感，如果爸爸跟孩子互动时加入更多轻盈、顽皮的话，孩子很快就会灵动起来。

幽默是生活最好的润滑剂，但“哈哈一笑”也是很需要水平的，好玩其实是一件有高难度的事情。

养育孩子的时候，不要给孩子设立很多规

条。我们当然要培养出一个善良的、孝顺的孩子，但是不要把沉重感带给孩子，我们让孩子在爱中放松长大，同时让他们遵守规则，但不是设立很多教条，告诉他们这个必须这样，那个不应该这样，这个应该这样。

我们的内在世界是什么，就会在长大以后把内在世界显化出来。如果我们设立了太多规条，孩子有一天即使做了艺术家也不可能创造出很灵动的作品，因为他太严肃了，严肃对生命来说是不好玩的。

我们想让孩子追求个人成长的同时变得灵活好玩，有四个途径可以滋养生命力：

第一个途径，接触自然。抑郁症、双向情感障碍、妄想症其实也叫作自然缺失症。让孩子多和自然相联结，从自然中获取力量。

第二个途径，听音乐。不是什么歌都听，艺术作品也是有能量层级的。去听一些有较高水平的音乐作品，听的时候，可以跟着音乐舞动。

第三个途径，运动。没有任何人会一边奔跑一边气喘吁吁地说：“我抑郁了。”运动可以让孩子的生命力旺盛起来。

最后一个途径，冥想。冥想不是很适合儿童，更适合成人。

孩子的生命力得到持续滋养是非常重要的。让孩子多接触自然，多运动，多和音乐、艺术作品联结。

同时，父母与孩子互动的一言一行，也是孩子生存的心理背景、文化背景、成长背景的一部分。这个背景将决定着你的孩子从环境中获得多少爱。获得爱的多少，将决定他长成什么样子，将决定他未来的灵动程度。

爱会使一个孩子充满勇气地成长，创造一个完整的生命个体——自己，爱也会使孩子充满了探索外在世界的好奇心。

如果你给予了孩子爱，孩子活得很轻盈，那这个爱是对的。如果你给予了孩子爱，你竭尽全力倾尽所有，但是你的孩子是沉重的，那你的爱一定出了问题。

第四节

即使成绩不好，也要让孩子拥有做人的尊严

一个妈妈跟我分享说，她的孩子刚上三年级，几乎每周都有一次以上忘记拿作业本回家，试卷不记得就不做，老师批评也不理，处于一种完全放弃学业的状态。

妈妈和孩子说：“你的作业本不见了？要不马上回去学校问老师吧，好不好？老师也没有你的作业本的话，等下你怎么写作业？”但这并没有什么效果。

谈话过程中，妈妈一直叹气，不知该怎么处理，很显然这个妈妈已经到极限了。

其实这个妈妈评估孩子的时候，一直处在自

己的烦躁与焦虑的状态里，事实上她是看不见孩子的。她还没发现，她的孩子在写作业这件事情上已经产生了一些需要父母支持的问题了。

你想想，在生存环境很糟糕的情况下，孩子会怎么让自己活下来呢？孩子的应对方式只有让自己麻木，来应对做作业这件事以及承受世界带给自己的压力。

怎么去协助这样的孩子？

孩子每次放学，我们要在学校门口把他的作业本跟其他同学核对完以后，再跟孩子一起回家，回到家以后再让孩子写作业。写的时候要让他一大题一大题地去写。父母可以陪他写一段时间，前一段时间每天去接他，过段时间再跟孩子说："妈妈请你帮个忙，如果每天都来接你的话，妈妈的工作就会受到影响，你可不可以成全我，自己把作业带齐了，再回来写？"

我们也可以请同学协助，在孩子放学后，请一个同学帮助他检查一下他的作业是否都带齐了。

再介绍一件发生在另外两个孩子身上的事情。

有个孩子跟他爸爸撒娇，让爸爸带他到水族馆。这时候爸爸发现了一张请假条，上面写着孩子今天请假。原来孩子今天逃学了，让哥哥帮忙写了一张请假条。请假条被发现之后，孩子感觉大祸临头了。当爸爸说“过来”的时候，孩子只能硬着头皮上前，身体状态非常紧绷。

但当爸爸继续给他施加压力之后，孩子的表情瞬间就放松了，在他脸上的是一副豁出去了、无所谓的表情。他表现出的无所谓，其实是他在让自己的生命变得麻木，因为当他面对巨大危险的时候，他没有别的办法，只能用这种方式来保护自己。

有一个老师曾经跟我说：“丽红老师，我们班有个孩子，你不知道他脸皮有多厚，无论怎样去批评他，他都不会哭。如果对这个孩子说‘滚出去’，这个孩子会招招手，无所谓地走出去。如果他被罚站在走廊里，哪怕人来人往，他也会在那无所谓地抠抠鼻孔，站在墙边晃一晃。”

这个孩子看上去挺好的，还挺自在的。事实上，这是孩子保护自己的一种机制。

身为大人，我们帮助孩子要有一定的技巧，不要宣泄你的情绪。孩子是小的，你是大的，大的要照顾小的，大人要为孩子承受这部分压力，同时协助他的行为规范化。这是每一个养育者都应该要意识到的。

我在学校工作了二十多年，发现每个班级总有几个孩子毫不费力就能考得很好，也有一些孩子即使很努力，也不能把成绩提高。有的孩子背一个单词就要背半天，好不容易记住了，第二天又忘光了。

要是孩子真的不擅长学习，不要羞辱他，不要试图通过体罚等方式让他进步，你一定要想办法让你的孩子意识到，**有的人不擅长学习，但并不代表他不够好，不擅长学习也可以有别的擅长的地方。**

《窗边的小豆豆》里的巴学园，招收了一个得了侏儒症的孩子。老师在运动会的时候，故意把网格铺得很低，别的孩子想爬过去很艰难，但是侏儒症的孩子因为身材矮小、行动灵活，反而是第一个爬过去的。

老师这么做，是为了让这个孩子意识到，虽然他患有侏儒症，但是他依然有自身的优势，意识到万事万物都有自己的优点，彰显自己优势的同时接纳、尊重自己的劣势。

以人为本的教育就是让教育把生命建构得更好，不要为了教育、分数把人否定掉，即使孩子成绩真的很差，也要记得努力让他拥有做人的尊严。

把孩子的成长还给孩子，
把童年还给儿童。

第八章

孕育精神高贵的孩子

精神是隐含在表象背后的本质，是对有一定深度的艺术和文字的情绪和感觉，以及它们的凝聚、浓缩、融合、综合、总合和内在化，背后蕴藏了人类本质的真、善、美。

如果想让孩子发展精神，一定要让孩子过精神生活。教育的本质就是唤醒孩子内在的真、善、美，让孩子精神的部分得到发展。

第一节

教育的本质是唤醒孩子内在的真、善、美

人类可以内观自我，动物不行，这一点是人和动物的区别之一。

哪怕是最聪明的动物也只能认识它之外的世界，不能内观自己的感受和感受内在发生的一切。动物是有感受的，但是它没有办法内观自己的感受，不能说："我感觉好害怕。"动物会怕，但不会去感觉自己的怕。只有人类可以感觉自己的感觉，感觉自己的情绪，感觉自己的心灵，感觉自己的思维，感觉自己的精神。

北极夏天特别短，北极雪鸮需要赶快去寻找食物，找到后就回来喂小鸟，然后再去找食物。

有时候我在想，有些父母看上去为孩子忙忙碌碌，但是忙碌的时候只照顾孩子的吃喝拉撒，只要孩子吃饱了、吃好了、不冻着、不生病就行。如果天天只关注这些，那你跟北极雪鸮差不多。

让我们来看下比较接近人类的高级哺乳动物——猩猩是怎么带孩子的？

爱娃和它的倭黑猩猩姐妹组成了一个和睦的小团体。从出生开始，倭黑猩猩幼崽就需要无微不至的照料，于是雌性猩猩携手合作，互相帮助，一起照顾幼崽，它们玩耍，互相拥抱，挠痒痒，开怀大笑。新生幼崽在一个没有嫉妒、没有压力的环境下健康成长。

猩猩在照顾幼崽的时候，就可以照顾到幼崽的感受，让它喜悦。我们可以发现：高级动物开始关注孩子的感受了。

有一个妈妈曾经是个非常优秀的白领，但生了孩子之后的十几年，她都在家做全职太太，现在她最小的孩子也上了小学三年级，她就想去上班了。可是爸爸和其他孩子并不想让她上班，小小孩也不想让妈妈去。

妈妈对小小孩说：“要是让你在家里一直闷上十五年，还不能出去玩，你会疯的，对吗？不管你信不信，不少大人会和我有同样的感觉。”

小小孩说：“是够呛的，妈妈。”

妈妈说：“我知道我去上班对你们来说影响很大，我自己也放心不下你们，你还这么小，我还有点不放心你的姐姐，她是女孩，需要母亲照顾，当然最放心不下的是麦克，我怕他闯祸，还怕他打碎东西。老实说，我也不放心让你爸爸管你们这几个小魔王。”

小小孩说：“你别过分担心了，妈妈，那样你会发疯的。”

妈妈说：“我爱你，我的小傻瓜。”

这个妈妈跟孩子沟通的时候是把孩子搂在怀里认真又真诚地去表达的。她一边表达，一边探索观点，爱在他们彼此间流动。

生命成长最基础的部分是身体，生命进化到更高级的层次的时候，一定会发展爱和精神的部分。如果你总是关注孩子的吃喝拉撒，那就不能把孩子的生命带到更高的维度。

与孩子分享真、善、美的一切活动就叫精神生活。

精神是隐含在表象背后的本质，是对有一定深度的艺术和文字的情绪和感觉，以及它们的凝聚、浓缩、融合、综合、总合和内在化。

教育的本质是唤醒孩子内在的真、善、美，是要让孩子精神的部分得到发展。

真

你说的是真话还是假话，将决定你是否在给孩子过精神生活。有些家长说："你不用担心，我这个人从来不撒谎。"我说的"假话"其实不是撒谎的意思。

一对夫妻吵架了，吵得特别凶，彼此就开始冷战。

小孩说："妈妈，你给我讲故事。"

妈妈说："找你爸去，别烦我。"

这句话就不是真话。

假如说的是真话，那妈妈会这样说："孩子，刚才我跟你爸爸因为一些事情发生了争执，这个时候我的内心好悲伤、好愤怒，我还没有办法保持和把控我的情绪。你给妈妈一点时间，等妈妈调整好了、有能量了，我就会给你讲故事，我很抱歉。"

这个就是真话。**真话就是你讲出这件事背后的本质。**

她跟孩子说"别烦我"，难道孩子真的烦到她了吗？你心情好的时候，小孩说："妈妈，你给我讲故事。"你就说："好的，孩子。"你心情不好的时候，小孩说："妈妈，你给我讲故事。"你说："别烦我，到一边去。"这就不是真话。

养育孩子最起码要做到：跟孩子说话的时候，要说背后的本质，不要活在表象里。

我女儿两三岁的时候，我们家住五楼，楼下有个阿姨特别喜欢我女儿。有一天我抱着女儿上楼，女儿正在吃棒棒糖，楼下的阿姨就说："把你的棒棒糖给我吃一口。"女儿不同意，楼下的阿姨说："你如果不给我吃，我就不让你上楼。"我女儿一听就哭了，因为她搞不清楚怎么回事。

我就跟我女儿说："女儿，奶奶是不会不让你上楼的，因为奶奶太喜欢你了，用这种方式向你打招呼，向你表示友好和热情。”

时刻说本质的话，尝试去说。如果你说的是真话，你就是让你的孩子在过精神生活。

最糟糕的是我们有话但是说不出来。为什么说不出来呢？不怪你，因为我们一路走来，身边的人可能也不是这么说话的，所以我们说话的时候，也就不知道如何表达真实的自己。我们既触碰不到真实，也捕捉不到，更不知道如何表达出来，所以我们要经由学习来使自己成长，捕捉语言背后的本质。

我来给大家看一部电影中的例子：

> 爸爸因为太忙了，忽略了太太和女儿的感受，太太说了他很多次，他也不听。有一天太太受不了了，就离家出走了，只留下了爸爸和孩子。
>
> 爸爸说："把那个娃娃放下来吃晚饭。"
>
> 孩子说："这是什么鬼，是汉堡肉饼。我不喜欢。"
>
> 爸爸说："你上周吃的就是这个，你喜欢。"
>
> 孩子说："我不喜欢，我讨厌棕色的东西。"
>
> 爸爸说："那只是洋葱和肉汁而已。"
>
> 孩子说："我对洋葱过敏。"
>
> 爸爸说："你上个星期才吃过洋葱，没有过敏。我

买了巧克力脆片冰淇淋回来，但是你不吃晚餐就不能吃。”

孩子打开冰箱，拿出冰淇淋，挖出一勺，吃了一口。

爸爸说：“你最好别这样做，你快下来，我警告你，你要是敢再吃一口的话，就会有非常大的麻烦。”

两个人都在触碰底线。这个孩子因为妈妈已经离开了，特别不安，用这种方式来试探爸爸会不会离开。**有的时候小孩天然会拯救父母之间的关系。**

刚刚我举过的一个例子，爸爸妈妈生气了，小孩说：“妈妈，你给我讲故事。”小孩此刻是真的想听故事吗？不，他在试探妈妈：你还好吗？你还爱我吗？你还像往常一样对我吗？他感到没有安全感了。

生活难免会有摩擦、冲突，就像牙齿跟舌头也会打架。庆幸的是我们可以化解它。接着看下去，我们会发现爸爸是在跟这个孩子说背后的本质。换句话说，刚才冲突过后，爷俩还过了个精神生活。

爸爸说：“你该睡觉了。”

孩子说：“爸爸，你会离开吗？”

爸爸说：“不，我会和你待在一起，你休想轻易摆脱我。”

孩子说："妈妈就是因为我不听话才离开的，是吗？"

这就是孩子的世界，儿童认识世界是有局限性的，他觉得妈妈走了是因为自己不听话。

这个孩子最后说出了心里话，挺厉害的。

爸爸说："不是这样的，你妈妈非常爱你，她离开跟你一点关系都没有，我不知道你能不能理解，但我会尽量向你解释清楚。我认为妈妈离开的原因是我想让她成为某一种类型的人，叫她做某一种类型的妻子，但她不是那样的人。

"现在我知道，她努力了好久，就为了让我开心。当她发现她做不到的时候，她想跟我谈谈，但是我没有听，因为我太忙了，我一心只顾着考虑我自己。我以为我高兴的时候她也会高兴，但是我想，她心里是很伤心的。妈妈其实早就想离开了，但还是坚持到现在才走，因为她很疼爱你，可是她现在没法再在家里待下去，因为受不了我。她离开家不是因为你，而是因为我。"

爸爸的表达非常精准，说出了妈妈和他之间发生了什么，并清晰地帮孩子剖析妈妈离开的原因，分析得非常透彻，很打动人。

“真”是什么？如果你想引领你的孩子，第一个要素就是让自己说真话，说本质的话，不能跟孩子编造一些事情。

有的人觉得，跟小孩这样说话，小孩能听懂吗？但我就是这么和孩子沟通的。

我决定带孩子到超市去选择五种零食，我告诉孩子：“我们可以选择五种零食，我给你五个圆片，一个圆片就代表一样物品，可是购买这些物品必须妈妈同意，你也同意才可以。如果你同意但妈妈不同意，不行；如果妈妈同意你不同意，也不行。”

我清晰、缓慢、简洁地说了两三遍，孩子点点头表示清楚了。

到了超市，她问：“这个可以吗？”

我说：“可以。”那她就把它放进购物车。如果她拿一样东西，我说“这个不行”，她就会还回去。

你说得越本质，孩子越容易接受，因为孩子精神的起点是没有起点，你给多高他的起点就有多高，你给多低他的起点就有多低。如果你想引领你的孩子，那就为了孩子去学习。

要注意的是，表达不代表你在跟孩子过精神生活。很多家长在生活中总是会反复说这样的话：

“记得多喝水，不然今天嗓子疼了别怪我！”

“你要不想听就算了，干你爱干的事情去。”

“你跟奶奶去说一声，中午炒菜少炒些，省得吃剩饭菜。”

“你坐在电脑前这么久了，起来活动一下。”

“宝贝，你快点。要是再晚了我们就要迟到了，就赶不上幼儿园的早餐了。”

“你别把袜子到处乱扔，这样多不好。”

“你叫我帮你倒水，又把我的拖鞋穿走，怎么这么没眼色？”

这些都是生活中琐碎、凌乱的小事，这不叫精神生活。

很多人一边随意说，一边话语中又隐藏着指责信息，最后人与人之间的关系就会变得越来越麻木。有时候让我们疲惫的不是一个巨大的冲突，而是这些琐碎的、凌乱的语言信息。

说话的时候，我们要琢磨语言背后的信息是什么。如果觉得话说出来没有任何意义，只是为了展示自己的能干，那就闭上嘴。如果这句话说出来没有什么作用，就不说了。如果这句话说得更委婉一点，能够更好地帮助对方，就找个时间，一次性把这些都说出来，最大限度照顾对方的感受。

我们跟孩子在家庭里的互动，可以有意识地谈有深度、有广度、更高维度的话题，经由这些话题，让我们一起走入精神的更高层面。

善

有一次，我带孩子们出去玩。那是个冬天，一只大狗追小狗，小狗很紧张，向前跑，掉到了水里，孩子们非常心疼，都不走了，在一旁等小狗上来。小狗迟迟不上来。孩子们想方设法让小狗上来。过了一会儿，小狗终于上来了，孩子们就抱着小狗，拿丝巾给小狗擦毛，拿出香肠给它吃。

我很清楚，小狗掉到水里是没关系的，因为它会游泳，也不需要拿丝巾擦它的皮毛，因为它只要抖一抖皮毛，就能把水甩干。可是那个时候我没有告诉孩子这些，在那个时候，这些认知不重要。

孩子们关心小狗，就是教育的一部分、认知的一部分。

此刻让孩子们表达爱、经历爱，生命就会绽放在爱和善良里。

父母应帮孩子建立一些基本道德品质，比方说**正直、善良、真诚等，这些品质不会因为年龄的增长、地域的变化、文化的不同失去光泽，是人类人格魅力的根源所在，也是人类不断追求的文明的标准。**

我当时没有打扰孩子们救助小狗，司机就着急了，说："你们再不走就赶不到下一个景点了！"

我就跟司机说："司机先生，不用担心的，如果我们赶不到下一个景点，不是你的错，不是你的责任，我们费用照给。"司机耐心等待我们，直到孩子们把小狗身上湿湿的皮毛擦干才一起离开。

孩子们住宾馆的时候，为了节省资金，两个孩子睡一张床，房间里跟被炮弹炸过一样乱七八糟的。这个时候我给孩子们设立了要求，就是当我们离开的时候，要把屋子收拾整齐再离开。

孩子们说："老师，等我们走了，服务员还要打扫的，我们为什么还要收拾整齐？"

我说："你们知道吗？服务员推开门进来看到房间收拾整齐和房间乱七八糟时，他们的感觉是完全不一样的。服务员们工作了这么久，让他们有一个好心情，也是我们对他们的爱和支持。”

听完我的话之后，孩子们都做到了当他们离开时，每个房间都是刚来时的样子。

这就是教育本身。**教育不应该是填鸭式的认知灌输，从生活的点点滴滴中引导孩子们亲身经历和实践真、善、美，用最真实的体验去感知和创造美，才能让孩子们挖掘到爱与智慧的源泉。**

美

美是指能够引起人们美感的客观事物的共同的本质属性，包括生活美和艺术美两个最主要的形态。

有一部影片叫《女王》。让我们想象一下，导演在拍电影的时候要如何凸显女王的高贵？是在女王的房间里塞满金条吗？这样女王就只是一个土豪而已。

这部影片的导演就用镜头呈现了女王会客厅门口的鲜花、灯饰、桌椅以及女王就餐的场景。女王的餐厅的正前方有一幅画，餐桌上干净的桌布、精致的餐具等都是用来体现女王品位高贵的元素。

当我们看这部影片的时候，就会发现：原来当我们像女王一样做的时候，家就会变得很高贵。

你可以在家挂一些画，复制品就可以。在家里插一枝花、插一点绿叶。就餐的时候尽可能使用精致的餐具。

如果你不能在家里挂画或者放工艺品，那最基本要做好一件事，就是让家里保持整洁。

其实物品的摆放也是一种美。很多人家里杂物堆积如山，乱得很。当我们拉开抽屉的时候，如果里面的东西都塞得要掉下来，你马上就会感到不舒服。但如果你拉开抽屉，里面整整齐齐的，物品大概只塞了 2/3 或 3/4，空间就有了美感，你就感觉很舒服。

整洁能让家焕然一新，能量场都会变得不同。我们的孩子就要生活在整齐的、干净的、带点美感的环境里。

物品和人是有关系的，物品会引发人内在的情绪。如果给你一把十年没有清洗过的梳子，你会很难接受梳子触碰你。但是如果给你一把非常精美的梳子，梳子上面还有一朵花，你就会非常优雅地拿着它梳头。

小孩常用的东西一定要很美，这样他的生命里面就有了变化，有了美感。家里窗帘的色调，孩子喝水的杯子，父母对孩子的语言、心态等，都会直接注入孩子的生命中，形成孩子的品质，转化为孩子的精神架构。

我的幼儿园曾经有一个老师，她经常在早上一只手拎着放了两个包子的塑料袋，另外一只手拎着放了豆浆的塑料袋，优哉游哉地来上班。我跟她说："老师，你能不能够吃一顿'公主早餐'呀？自己在家准备餐具，准备早餐，比方说鸡蛋、水果和坚果，这样吃好不好？即使你真的来不及在家吃一顿像样的早餐，你也不要在我学校门口吃，不要让孩子看到你的这一面。你在幼儿园外面两百米开外把你的早餐吃完了，再来上班。"

孩子身边的环境会成为孩子活动的一部分。

假如你带孩子去玩滑板，周边的环境乱糟糟的，从培养孩子对美的感觉的角度出发，如果找不到更合适的地方，我们就要把这里稍微整理一下，把周围的纸张都捡干净，再让孩子在这里玩耍。这就是在琐碎的日常中渗透"美"的概念。

如果远离精神生活、远离美，孩子生命中关于精神的部分就会沉睡，情感和精神的部分无法被唤醒，对美好且滋养生命的东西就不敏感，甚至麻木、无法感受。如果一个生命长久生活在这种粗糙的、粗俗的、恶劣的状态下，那么他对粗糙的、恶劣的东西承受能力会很强。他到了一个乱糟糟的环境，是没感觉的。如果一个孩子从小能够活在真、善、美里，他到了一个乱糟糟的环境，就不会沉沦于脏、乱、差的环境之中。

感觉和精神是在一起的。如果我们未经感觉上升到精神，就会寻求感官刺激。飙车、赌博、沉迷于性，都叫感官刺激。过去我们看一部电影，即使里面没有很惊险的动作，我们也能看得津津有味。可是现在有一些孩子看电影，如果画面不是很血腥，他们就看都不看。

人生不是一场物质的盛宴，而是一场精神的修炼。我们要让孩子小时候对各种社团、音乐演出感兴趣，让孩子有丰富多彩的生活。让孩子超越本能，上升精神，生命的维度就会变得不同。

我们看到的、听到的、说的，我们每一天、每一刻都生活在真或假、美或丑、善或恶之中，我们完全可以选择说真话，选择更善的，选择更美的。我们在选择的同时，就是在选择自己，创造自己；选择生活，创造生活。

第二节

儿童会把环境“吃”到生命中去

儿童是吸收性心理，是“吃”环境的。对于孩子来说，天花板是环境，地毯是环境，用的物品也是环境，而人正是孩子成长中最重要的环境。儿童会经由周围的文化环境、心理环境、精神环境，把信息、环境内化到生命中去，这样的影响在孩子生命的头六年就会凸显。中国有句话叫“三岁看大，七岁看老”，其实是有道理的。在孩子小的时候，环境对他们来说特别重要，越小的孩子，环境对他们影响就越大。

小孩四五岁的时候，喜欢玩过家家，一个演爸爸，一个演妈妈，一个演宝宝，他们演的是他们所处的环境。**儿童无意识地把他生活中意识的碎片用游戏的方式呈现出来，把世界内化到生命中去了。**

小的时候，世界是由外在的环境塑造的，等到长大了，**内在世界是怎样的，他就把内在的世界显化到外在的世界，这就是心由境生。**

有个老师让小朋友围坐在一起轮流讲故事，每人接一句。

老师开头："猫在烤火。"

一个小朋友编："烤着烤着出去撒了一泡尿。"

全班一起哈哈笑，另外一个小朋友说："回来又吃了炉子上的面。"

第三个小朋友说："吃完以后，又出去拉了一泡屎。"全班又一起哈哈笑。

第四个小朋友说："回来烤火烤暖和了，又去尿尿。"

说了半天，孩子们的话题都没有离开吃喝拉撒。

有一天我见到家长，就问他们，我说："你们看几个孩子编来编去，没离开过吃喝拉撒。你们平时天天问小朋友的是不是都是'你今天想吃什么呀？今天有没有大便？在学校喝水了没有？'我估计你们问的都是这些问题。"

一个家长立刻举手说："我问得比这些还细，我每天还要关注我的孩子大便是否是金黄色，是否悬浮在水中，听说悬浮在水中的大便是最健康的。"

不同的孩子观察世界的视角不一样。

有个小朋友写了一篇《动物学校》，大概内容是，动物学校里有一只鸭子特别擅长游泳，可是它的跑步和爬行很差，每天都要被老师留堂。蛇的爬行和游泳特别好，可是跑步课和飞行课成绩都惨不忍睹。鹰飞行课成绩很好，爬行课、游泳课成绩却很糟糕。

有一天，鹰跟校长说："我能不能只上飞行课，不上爬行课和游泳课？"校长说："那我就不能给你发毕业证书。"鹰就在思考：我是去做一只会飞、会爬、会跑、会游泳的鹰，还是做一只享受翱翔的鹰？最后它退了学，在一个安静的地方学习，终于有一天成了一名飞行专家。

另一个孩子写了一篇《莫格太太的猫》：莫格太太是一个面包师，她每天早上在面包里放了发酵粉后再出门。有一天莫格太太出门后，她的猫一不小心把她的面包材料打翻了。莫格太太回来看到猫都变成蓝色了，就跑过去，把猫踢到卫生间用水清洗。猫就在想：太太怎么一大早就用凉水泼我？猫很生气，就把太太给杀了。

这两篇作文语言都很通顺，也没有错别字。可是我想，第一篇《动物学校》是大部分人愿意给出更高评价的。

这两篇作文的不同源于什么？仅仅是语文成绩的差异吗？不是的，不是分数的差异，而是内在世界的差异。

我们每个人都有两个世界：一个是外在世界，这个世界是有形的、可触摸的、可观察的、客观的；另一个是内在世界，这个世界是生命的、心灵的、感觉的。孩子小的时候，外面那个有形的、可触摸的、可观察的、客观的世界创造了孩子内在的世界，等孩子长大了，就用他内在的世界改造外在的世界。

基于我们内在世界的不同，每个人的感受力、气质、精神层面也会不同，内在的不同关系到人一辈子会追求什么样的生活、做什么样的人，是将美好带到这个世界，还是将丑陋带到这个世界。

第三节

为儿童精神成长创造合适的环境

迪士尼动画电影《小鹿斑比》中有这样一个片段：

小鹿斑比在梦中见到自己被猎人打死了的妈妈，它问妈妈："为什么你一定要走？"如果你是妈妈，你会怎么说？"我是被猎人打死的，你一定要为我报仇啊！"

斑比妈妈没有这样做，它只是说："森林里万物都有它的时节，一物灭亡，一物生长，即使已经不是原来的生命了，也依然是美好的新生命啊。"

斑比妈妈用自然轮回法则来安慰斑比，没有直接说具体的死亡原因是“被猎人打死了”，而是深入事物背后，用优美的语言告诉斑比生命的真相。

《小鹿斑比》这种动画片就属于有美丽的画面、动人的语言、流动的故事、经典的音乐、美好的精神以及较高意识形态的动画片。

有些家长可能会疑惑：为什么小孩子都那么喜欢看动画片？要是孩子可以不看动画片就好了！

动画片是一定要看的。为什么呢？因为我觉得大部分孩子的精神生活还是比较少的，动画片以及相关音乐几乎是大部分儿童获得精神生活的唯一途径。动画片在视觉、听觉上直接就给了孩子精神的滋养，可以弥补家庭精神生活比较少的缺憾。

若要更完善地保护孩子的精神环境，我们可以给孩子选择一些精神层次较高的动画片、书和音乐。

并不是所有的动画片都适合儿童，并不是所有的书都适合儿童，也并不是所有的音乐都适合儿童。如果你的孩子已经看惯了没什么内涵的动画片，他们是不会想看《小鹿斑比》这样的动画片的。

那你怎么做呢？先把有线电视关了，孩子可以不看电视，但是如果他要看电视，那就看你指定的一些动画片，即使他不想看，也要让孩子在哭声中接纳。

你可以把好的动画片全部刻录成光盘。有一些人会说："丽红老师，现在谁还用 DVD 啊？太过时了。"但我还是希望你们能用 DVD，为什么呢？当我们和孩子约定晚上放学之后可以看一集动画片的时候，小朋友把光盘塞在 DVD 里看，看完一集就结束了，这样特别容易量化。如果用电脑看，看完一集就自动跳到下一集去了，不容易量化。

千万不要让你的孩子暴露在现代媒体之下。孩子精神的架构还没有完全形成，我们要有意识地去保护他们。除了动画片之外，包括他们听的音乐、看的书，都要有意识地筛选过后，再给小孩子看。

你可以和孩子有一些约定，孩子看的书要妈妈同意，妈妈不同意不行；但孩子不同意，妈妈同意也不行。看起来有点像绕口令，但只要你慢慢地跟孩子说，孩子就能听明白。

也就是说，孩子看的书要有双重把关。

如果我们把孩子的精神环境保护到 10 岁以后，那么他的精神架构被锚定了，后面他就会主动拒绝一些糟粕，他就会自动地从环境中去汲取可以滋养生命的艺术氛围。

孩子的精神起点是由你给予的高度来决定的。如果你给孩子看很多很粗俗的作品，那么孩子的精神起点就会很低。如果你给孩子看较高雅的艺术作品，孩子的精神起点就会很高。

我可以弹克莱德曼的一些曲子，但是在我的女儿的成长过程中，我是很少弹钢琴给她听的，因为我觉得我的水平是不足够的。在我的幼儿园里，我也很少让老师弹钢琴给孩子听，因为老师们弹钢琴就是钢琴三、四、五级的水平，并没有达到艺术层面。

我通常请当地在音乐、绘画方面非常有造诣的艺术家一个星期来幼儿园一次。当小朋友在操场上玩耍时，他们就在一旁拉二胡、画画，有的孩子就会跑过去围观，自动地吸收这种艺术氛围。

在孩子小的时候，你可以带他们去看画展，或者去欣赏一些舞台剧。等孩子大一点了，可以带他们欣赏歌剧或者芭蕾舞剧。到了青春期，就可以带他们去听音乐会了。要注意的是，不是去追星、听流行音乐演唱会，而是听一些很棒的、由专业演奏家演出的音乐会。

在这里我还给大家一些建议，就是当我们带孩子去看画展或者欣赏歌剧的时候，在着装上可以稍加注意。

我办小学的时候，带一年级的孩子到上海去看舞台剧。看演出之前我让他们到洗漱间，男孩换上小西服、打上小领结，蹬上小皮鞋，女孩穿上公主裙，把头发梳好。每个人手里拿着鲜花，等到演出结束以后，孩子喜欢哪个角色，就把鲜花送给哪个角色的演员，或者多带几枝鲜花，多送几个人。

有时候孩子们问："老师，我们为什么要穿这么正式的衣服来看演出呀？"

我告诉他们："这是对演员以及环境的尊重。"

这样，我们就可以把对周围的人保持尊重、对美保持尊重的意识传递给孩子，这也是一种精神环境的创造。

第四节

在精神层面引导孩子

尽管看什么影片、读什么书、听什么音乐很重要，但最终的精神生活应该是人与人之间的精神互动，是在生活中对真、善、美的感悟。

有一对来上我课的父母的孩子考上了国外的一所大学，这个孩子在家给妈妈打电话说："妈妈，哎呀，我一个人在家，都不会说话了，而且我天天在中国，我担心我把英语忘了。"

这个孩子一路求学，已经习惯了以考试为目标的生活。当他一个人在家无所事事的时候，他的罪恶感就出来了，他觉得不学习就是罪恶。因为他刚刚经历完非常忙碌的高中生活，潜意识里觉得自己不配玩耍，如果玩耍就不安心，玩耍就不会有好未来，甚至玩耍就会完蛋，所以这个小孩说："妈妈，我担心把英语忘了。"

妈妈怎么说呢？妈妈说："孩子，要不找某某某去练习一下语言？"

当这个孩子对学习、生活已经有了压力甚至有了恐惧的时候，这个妈妈是没有捕捉到的，她反而还给孩子出招，让孩子通过继续学习来缓解因忙碌的生活突然停下来带来的压力和恐惧感。

当妈妈说这句话的时候，我正好在旁边，我就跟这对父母说："你知道孩子这么说是什么原因吗？"我给他们解释孩子内心的纠结。

然后我说："你这样去说：'孩子，你刚刚考完高考，考的大学也不错，你就放松一下，享受一下这种无所事事的生活。你的英语即使这十几天忘了，等到了国外的学校，在那种环境里，你很快就会拾起来的。孩子，放松享受生活吧，你知道爸爸妈妈现在正在做什么吗？

爸爸妈妈正在度蜜月。’”

其实他俩在跟着我学习。

但你可以说：“这么多年你在忙碌，爸爸妈妈也在忙碌。爸爸把时间给了你，妈妈把时间也给了你。现在呀，我们两个都要把时间给我们自己和彼此，你要照顾好你自己，爸爸妈妈去度蜜月了。”

让孩子经由父母的放松，让自己也放松下来。

父母或多或少要对孩子内在的世界有觉知。当孩子问你问题的时候，你只有知道那个问题背后的本质是什么，才能够真正支持你的孩子。如果你捕捉不到背后的本质，没有觉知的话，就帮不到你的孩子，甚至会给孩子带来更多压力。

你一般早上如何叫孩子起床？我建议，你可以先播放一些舒缓的音乐，把窗帘拉开，让阳光照进来，然后跟孩子说：“孩子，早上好，新的一天开始了。”

当我们跟孩子这样说的时候，背后传递的信息是：孩子，无论今天是晴天还是阴天，无论今天会发生什么，无论今天你会怎样度过，今天都是值得期待和祝福的一天。

如果家长觉得无所谓，生活怎么过都是过，那可能有一天家长起晚了一点，瞬间推开孩子的门跟孩子说：“快点起床，马上迟到了！”当家长这么说的时候，背后就有催促和焦虑。

要是孩子赖床，一时没有起，家长在那里说：“你看昨天晚上叫你睡，你不睡，现在你起不来了吧！”这是埋怨和指责。

当孩子还不愿意起的时候，家长还有杀手锏，他说：“我跟你说啊，我数三声，一、二……”这是威胁。你希望孩子的一天是在对新的一天的期待和祝福中开始，还是在催促、焦虑、埋怨、指责甚至威胁中开始？

当你拉开窗帘，播放精心挑选过的音乐，带着期待和祝福对孩子说“孩子，早上好，新的一天开始了”的时候，精神生活就已经开始了。

当生命进化到更高级的层次的时候，
一定会发展爱和精神的部分。

下篇

协助儿童发展完整人格

父母不是儿童成长的支配者，而是协助者。儿童在父母给予的自由探索的空间、与内在发展相匹配的外在物质环境及规则的设立之中，经历科学的成长过程，构建内在自我，最终成长为具有完整人格的人。

父母如何支持儿童身心发展

第九章

儿童生命的禁锢从身体的禁锢开始。有些父母错失了孩子 0 到 7 岁的发展关键期，没有帮助孩子建构好完整人格，等到孩子上小学的时候才发现孩子没有勤勉的品质，也没有专注力品质，精细动作能力也达不到，而这些其实都是在学龄前就应该建构好的学习品质。

等孩子上小学一年级的时候，父母对他说："孩子，上课要注意听讲！"这句话有用没用？有用！可以安慰自己！父母会想，该说的我都说了。事实上这时已经有点晚了，孩子错失了一些发展关键期。当孩子成长错失了很多发展关键期，表现不能令父母满意，让父母的期待落空时，父母又开始生气，又把情绪宣泄在孩子身上，恶性循环就开始了。

第一节

给孩子自由探索的空间，让孩子为自己的成长做准备

孩子写作业不积极、玩手机上瘾还有学习状态差的问题，是很多父母都很关心的问题。我遇到很多家长反映自己的孩子除了手机，对其他一概不感兴趣，他们对此非常困扰。有些家长特别希望我能给一个快速解决问题的答案，但事实上只给一个答案是不足够的。要想解决这些问题，我们依然要回到孩子的婴幼儿期。

从前文我们知道，当一个孩子出生时，大脑里神经元的连接约有 1000 亿个，这些神经元必须靠彼此的连接才能发挥作用。一个孩子神经元的轴突和树突的彼此连接有 1000 亿的 5 次方个之多，是一个庞大的数字，比银河系的恒星还要多。如果你想让孩子耳聪目明、手眼协调，就必须让他的轴突和树突连接得非常完善。

婴幼儿期的小朋友具备什么特点？

他们是多变的，这一个星期他对球或者垃圾桶感兴趣，过两天又对大鞋子感兴趣，接着又对门吸感兴趣，然后又爬上爬下。

他们忙碌起来的时候是不知疲倦且反复的，可能今天对门吸感兴趣之后，这一个星期都对门吸感兴趣，过两天他又对沙池感兴趣，之后一直对沙池感兴趣。

也许在我们成人的眼里，这个孩子是一个捣蛋的孩子。然而你哪里知道，这个孩子忙忙碌碌，是在为自己的成长做准备！这就是孩子的特点。

成人则不同。有一部分成人特别有张力，他们热爱生活，工作充满激情，但是有相当一部分成人是一天到晚都抱着手机的。而小孩子很少有躺在那半天不动的，儿童与生俱来就拥有两样品质：第一，高度集中的学习品质；第二，生命成长的激情。如果我们不把孩子保护好，很可能在成长的过程中，这些品质就会消失。

我们如何保护孩子与生俱来的注意力与生命成长的激情？如何让这两样品质在孩子身上持续发展，让儿童经由这两个宝贵资源，在未来更好地创造生活？

如果你的孩子还在读幼儿园，你可以让他去做自己喜欢的工作。这“工作”不是我们成人世界的工作，成人世界的工作指的是通过劳动换取报酬，而儿童的工作指的是做一些锻炼手眼协调的作业。

当然了，孩子可以选择自己感兴趣的事情去做，也可以坐在那发呆，即使无聊，也是他自己的选择。这样，孩子会处于一种放松的状态，换句话说，这个孩子是有一定自由度的。

孩子拥有了自由探索的空间后会发生什么呢？

有个一岁八个月的小男孩，他喜欢抱着球往垃圾桶里扔，扔过以后，再摇一摇垃圾桶。之后孩子的智能开始发展，他开始嫌一个一个扔太慢了，于是他想了一个办法，拿了一个筐装着球、鞋子、玩具等能扔的东西，再把这些东西一起往垃圾桶里扔。

到了晚上，老师拿一个筐，把孩子扔进垃圾桶里的球、鞋子、玩具又一个一个捡了回来。

老师是在给孩子生命成长一个通道，这是对生命的协助，是最好的教育。

曾经有一位妈妈对我说：“今天我都气死了！孩子一大早把被单剪了个洞！”

我问这位妈妈：“你家孩子在家不剪被单，你觉得可以剪什么呢？”

妈妈一想：“也是！被单不能剪，沙发垫不能剪，衣服不能剪，头发也不能剪。”

我对她说：“如果我的孩子拿剪刀要去剪被单，我就会到裁缝店或淘宝上去找一些碎布料，大的、小的，软的、硬的，薄的、厚的……把这些布料放在一个筐里，然后告诉孩子这些可以剪，别的不能剪。”

越小的孩子越没有规则可言，越需要一个成长通道。父母尽量满足他们的探索欲望，不加以限制，这就是给孩子自由探索的空间。

有时父母甚至可以尽量创造条件，不过多干涉他的调皮捣蛋行为。

教育家蒙特梭利说：儿童忙忙碌碌为自己的成长做准备。

有位小学老师教小朋友写拼音，小朋友问：“老师，要写多少遍？”老师说：“写到你自己满意就可以了。一遍也可以，五遍也可以，你决定。”老师没有告诉孩子要写三遍、五遍、十遍，而是告诉他们写到自己觉得满意就可以。小朋友写一遍，不满意，再写一遍，还不满意，写了擦，擦了写，最后本子擦出了一个窟窿，孩子号啕大哭，作业不完美了，太痛苦了！哭完了呢？继续写！没有人强迫他们，但他们对自己有要求。

有个孩子写汉字，写完以后他说：“妈妈，你看这个字怎么样？”他妈妈说：“已经很漂亮了，早点休息吧。”他说：“我觉得这一捺还不够漂亮。”于是重新再写。这位妈妈跟我们分享说：“老师，我当时都要疯掉了，因为大多数孩子写半个小时就完成了，可是他要写一个多小时。”这说明什么呢？他对自己要求很高。这种孩子勤勉的特质非常明显。

为什么现在有些孩子对自己没要求了呢？因为你要求

他，他就不要求自己了；你对他负责，他就不用对自己负责了。像一把椅子放在这，你搬了，他就不用搬；你不搬，他就得搬。

很多孩子到了剪纸敏感期，都具有勤勉的特点，表现是这样的：一大早来到幼儿园，连早餐都不吃，就往教室一坐，“咔咔咔”开始剪，使劲剪。全部剪完以后，坐在那里发一会儿呆。这个时候你不要打扰他，不要说“真棒！”别干这事，不然孩子的注意力都被你干扰了。

他发呆的过程叫伪疲劳期，伪装的疲劳期，是孩子一种内在机制的平衡。因为孩子工作的时间太长了，太累了，需要有个放松阶段。你不要打扰他。可能孩子发一会儿呆后会继续拿起剪刀，问：“老师还有纸吗？我还要做剪纸的工作。”

还有喜欢玩沙的孩子，孩子在玩沙这一过程中心无杂念，眼里只有水和沙子，注意力完全集中，他的身体、意志、情感高度统一，这种状态叫全人格状态投入，也叫意志力。

意志力是注意力的高级阶段，是科学家需要具备的品质。学习品质不仅仅是在读书、写字的时候才能建构，10 岁前，在玩耍中也能建构学习的品质。如果孩子在某一段时间把注意力固着在一个物体上，并且出现全人格状态投入，我们就把它叫作敏感期。

敏感期有三个特征：

第一个特征是不知疲倦。孩子重复做一件事，两三个小时都不觉得累。

第二个特征是反复操作。像剪纸敏感期的孩子，一直在剪纸，剪坏了还要重新剪。反复操作有不断提升的特点，做娴熟了就有可能挑战更难的工作。

第三个特征是高度集中。孩子在反复操作中出现注意力高度集中的全人格状态投入。

父母为什么要给孩子自由探索的空间？当我们给孩子自由，孩子就会去找他感兴趣的事情来做，他感兴趣就会出现专注的状态，今天专注 10 分钟，明天专注 10 分钟，后天专注 20 分钟，逐渐地，专注就会成为一种品质，内化在孩子生命中。

敏感期对儿童成长来说如黄金般贵重，这是一个人一生注意力品质建构的极佳阶段，抓住孩子敏感期建构注意力，能达到事半功倍的效果。

如果家长破坏或者错过了孩子发展的敏感期，孩子的发展速度就会比较缓慢，学习某种知识技能也比较困难。一般认为，儿童心理的发展，有些方面错过了时机就无法弥补，但是更多方面并非绝对不能补救，只是错过这一次敏感期后要付出更多努力去补救。

有个小朋友喜欢汽车，他到了汽车敏感期，要买汽车、画汽车，鞋子上要有汽车图案。

有一天他妈妈来找我说：“丽红老师，我家小孩是不是在神游啊？”

我说：“发生了什么？”

她说：“有一天孩子坐在马桶上，我刚好进去，他说：‘妈妈你让开，挡住我开汽车了。’他坐在马桶上，厕所里没有汽车，他只是在比画开车。”

我说：“是不是神游我不知道，需要评估一下。周末你和孩子的爸爸带孩子到汽车修理厂，你看他对汽车是不是感兴趣？如果感兴趣就是孩子的敏感期到了，如果不感兴趣可能就要调整一下。”

周末，这对夫妻就带孩子去了汽车修理厂，孩子看到什么都感兴趣，汽车轮胎花纹甚至连汽车的发动机原理他都问个不停。孩子在汽车维修厂的环境里吸收、吸收、再吸收，可能两三个月以后，他就对汽车不感兴趣了，这说明孩子内在发展满足了，汽车敏感期就过去了。当然，也不排除孩子对汽车持续感兴趣，这时候我们就可以给孩子买关于汽车的百科全书、杂志，在持续熏陶之下，汽车可能成为孩子终身的兴趣爱好，说不定下一个中国优秀的汽车制造师就是你家孩子。

当孩子敏感期来的时候，我们要协助他往更深的维度延伸，让他的敏感期时间更长，这样他的能力就会经由敏感期拓展得更宽、更深、更强。

但如果父母提供的关于汽车的外在环境只是买买买，孩子对汽车的认知永远只停留在汽车模型的一个方向盘、四个轮子上，孩子对汽车的喜欢就停留在了表面，我们就没有满足孩子对汽车的更深的心理需求。换句话说，当孩子汽车敏感期到来的时候，我们提供的关于汽车的外在环境和孩子内在的发展需求不匹配，所以孩子坐在马桶上开汽车，我们就误以为他在神游。

有些人压根没有发现孩子到了某个敏感期，就错过了这一重要阶段，这是很可惜的。

孩子不是每一天都处于敏感期的状态里的，他们可能是这样发展的：这两周对垃圾埇感兴趣，过了这几天对什么都不感兴趣了……一周以后，他突然对大鞋子感兴趣，然后对大鞋子又不感兴趣了；有一天他又对拧门吸感兴趣，然后又不感兴趣了；有一天又对剪纸感兴趣，疯狂地剪纸，然后又无所事事；最后又对小汽车感兴趣，玩具要买小汽车，衣服上要有小汽车，涂色都要涂小汽车……敏感期与敏感期之间还有伪疲劳期，就是中间那个对什么都不感兴趣的阶段。

敏感期通常是螺旋式的、间歇式的发展过程。

玩是孩子感知世界的最好方法，玩的过程是帮孩子建立人格、创造力、意志力的过程，在看似无聊、淘气的玩耍过程中，学习和工作最需要的意志力、勤勉等品质就已经被逐步建构起来。孩子越投入，越能建立与世界的沟通关系，在这一过程中，他逐渐掌握本质。这个过程一开始很慢，但之后会越来越快，等成为成年人时，对本质的理解会非常快，而且他的专注力会很强。

孩子只有在自由探索的空间里自发、自愿地工作才会实现这些特质。这个过程你是不能逼迫的。比如前面提到的剪纸敏感期的小孩，他出于自发剪纸，即使时间很长，他也依然很快乐，在自发、放松的状态里，他无比投入，注意力无比专注。假设一个成人告诉他，今天把这些纸都剪完，不剪完不许出去玩，孩子就会很痛苦，一边哭一边剪，哪里还会专注？更别说全人格状态投入了。只有自由决定才能自动、自发，才能建构这些品质。

给孩子自由感知、自我奖赏、自我确认、自我发现的机会，不要禁锢孩子的身体，这样成人就能被解放出来了。

给孩子自由感知的机会

曾经有一对夫妻来找我，妈妈说："我家小孩啥也不吃，愁死我了。"

我说："那好，那我让你们做什么，你们就做什么，保证把你家小孩吃饭的问题解决掉。从现在开始，你不要自己吃饭，让你老公来喂你。"

我又对她老公说："这位先生，你太太有没有吃饱，不能由你太太来决定，你要用你的胃去衡量她的胃。如果你太太吃了一个包子就吃饱了，可是你觉得她得吃两个包子才能吃饱，请你务必再想方设法喂你太太吃一个包子，你说：'老婆，求求你，再吃一口啊，再吃一口，最后一口，乖！'你要这么去做，然后你们夫妻俩一周后再来见我。"

根本不用一周，第三天，夫妻俩就来了，太太说："老师，我知道了，我说我吃饱了，可是我老公还硬往我嘴里塞，我烦死了！"

吃饭是人的本能，饥饿是最好的厨师。小孩厌食厌的不是食物本身，而是吃饱了以后，父母还要强迫他继续吃饭的那种痛苦的感觉。**父母的替代剥夺了孩子自由感知的机会，**

也剥夺了孩子大量的发展机会。

孩子越毛手毛脚，父母就越嫌麻烦，替代得就越多；替代得越多，孩子就会越毛手毛脚，孩子的发展就进入恶性循环，就容易四体不勤、五谷不分。孩子小的时候，让孩子多活动、多体验生活，训练他们成长的主动性。

有个妈妈直接从大牛奶桶里倒牛奶到小朋友的杯子里，倒牛奶的时候，孩子说："妈妈，我来倒，我来倒！妈妈，我倒。"

妈妈说："不行，不行，你会倒洒的！"我们总是担心孩子拿不动、倒洒了。我们总是"担心着"养育孩子。

孩子急得大哭，他一哭，妈妈只好说："好好好，你小心一点啊！"

小孩抱一大桶奶，一倒，"哗"地溢了出来，洒了一桌子，妈妈气得一边拿抹布擦桌子，一边批评说："我就说，不让你倒，你非要倒，尽添乱！小捣蛋！"

不要替代孩子自主体验的机会。孩子喝牛奶的时候，可以给他准备一个牛奶壶，准备的量正好是玻璃杯的1/3，这样孩子就可以自己倒牛奶，而且不会把牛奶倒出去了。让"倒"这个动作也成为孩子成长的一部分，用这样的方式让孩子体验生活，同时锻炼孩子的手眼协调能力。之后孩子在厨房拿玻璃器皿的操作就会很精微。

这样，妈妈既满足了孩子的发展，又照顾了自己。

给孩子自我奖赏的机会

有个孩子在沙池里玩着玩着跌倒了，他很快就爬起来，这一过程中他的动作很协调，这说明他的神经元连接得好，这是身体层面的。那心理层面呢？有没有坚强、勇敢、执着、努力、坚持不懈等品质？有！

玩耍过后他到沙池里转一圈，看看别人都在干些什么。为什么要转一圈呢？这是伪疲劳期。

这时候爸爸妈妈不要说话，给孩子空间。孩子一次次爬上去又跌下来，哪怕遇到危险，差点滚下去，也没哭。如果这个时候，你说“孩子累不累啊？痛不痛啊？来，妈妈抱抱！”孩子的自我建构、自我创造的历程就被打断了。你要是在这里说“加油，你真棒！”也是一种打扰。

如果孩子自己爬上土坡，愉悦、兴奋、成功就是他对自我最大的奖赏。即使全世界没有人看见他的努力，但他会看见，他会奖赏自己。这样他的潜能就会被激发，这样的人必定卓越。

给孩子自我确认的机会

一个两岁的小姑娘在爬土坡，爬第一次失败了，又继续往上努力爬，中途孩子可能爬得腿有点疼了，就走掉了，可是她想一想，又不甘心，转一圈又回来了。

没有成人邀请，没有人在一旁说“加油”，她自己就可以很努力，她根本不需要成人鼓励。这种支持是在孩子的生命里边的，她可以自我鼓励、自我确认，成人的支持或否定对此刻的她来说都是一种干扰。

给孩子自我发现的机会

有个小学生对绘画特别感兴趣，他不喜欢写家庭作业，就喜欢把各种色彩叠加在一起。画画的时候，他的眼睛闪闪发光，表情充满兴奋和喜悦。儿童发展就愉悦，不发展就痛苦！这个孩子花了很长时间完成了一幅很棒的作品。

我相信这个孩子在绘画上肯定有潜力，这是他的天赋才华所在。

很多人跟我说：“老师，我家孩子对什么都不感兴趣。”

如果一个人在他的成长过程中，几乎所有的学习都是被勉强、被要求的，没有自发、自愿，那么他即使有天赋、才华也无法施展，别说你发现不了，估摸连他自己都不知道自己的天赋、才华被藏在哪儿。

孩子的热情就是孩子的宇宙导航仪，孩子的热情就是孩子的天赋、才华所在。当天赋被点燃的时候，孩子的生命将呈现出无须证明的强大。

第二节

给儿童提供和内在发展相匹配的外在物质环境

0到6岁的孩子需要大量的感觉体验和活动来建构自己。他们要在一个自然且真实的环境里成长，从而为其一生的学习、生活与工作奠定基础。

什么叫作自然？我们身边的土坡、草地、树木等都是自然的一部分。即使在人工创造的环境里，我们也要尽可能使用自然元素，比如当父母给孩子准备夹豆子游戏的道具时，红豆就是红豆，黄豆就是黄豆，芸豆就是芸豆，不要使用塑料的珠子充当豆子，这些自然的元素都是自然的一部分。

什么叫作真实？刀就是刀，镊子就是镊子，这就是真实。

现在一些父母给孩子们提供的教具是这样的：面包是木头面包，木头面包之间用粘扣连接，刀也是木头的。孩子们用木头刀把木头面包片扒拉开……这就远离了真实。

用红豆不用塑料珠子，叫作自然；用镊子夹豆子，叫作真实；用精美的盘子装豆子，叫作美感。孩子使用这样的教具来发展自己，他将来就会创造出自然、真实、有美感的环境。

我办的幼儿园在设计上也以凸显接近自然、解放天性为目标，打破了常规的做法，没有独立放大型滑梯，而是让土坡与滑梯相结合，在自然的元素中融入趣味性。

有些来幼儿园参观的人看见石头，再看见孩子们在土坡上攀爬行走，便会有些担心，这是可以理解的。那我们为什么还坚持让孩子生活在接近自然、解放天性的环境中呢？

首先，孩子在这样的环境中成长，身体会更加健康、灵活；其次，孩子依靠自己的力量爬上土坡，心理上会更加自信。

当时在设计这个土坡的时候，我告诉设计师："请你在土坡上修一条路，这样孩子爬上土坡后便可以继续行走，而且还可以从土坡的另一面滑下来。"

设计师在听完我的要求后，认真而凝重地说："挺危险的，丽红老师，你要想好！"

看着高高的土坡，我犹豫了，于是我说："那……就算了吧。"

然而开学之后的一天，我在幼儿园里巡视，无意中看到一些孩子爬上土坡以后流露出抑制不住的兴奋与喜悦，而且我还发现，土坡在孩子们爬上爬下多次后，已自然而然地形成一条路。这不禁让我想起鲁迅先生的一句话："地上本没有路，走的人多了，也便成了路。"

孩子们爬上土坡并在土坡上行走所呈现出的自信、愉悦的状态深深地触动了我，于是，我决定还是在土坡上修一条路出来，供孩子们攀爬玩耍。

我告诉家长，我将会在土坡旁增派一个老师，以确保孩子安全。最终，我们通过这样一种特别的方式，送给了孩子一份成长礼物。

我们可以给予孩子很多，比如说昂贵的玩具、舒适的环境、精美的图书等，但是自信、愉悦、成就感等感受必须依靠儿童自己经历得来。如果老师和父母都害怕孩子受伤，从而把孩子保护起来，那付出代价的不是家长，不是老师，而是孩子。

在屏蔽了儿童所有风险的同时，我们也屏蔽了孩子所有的发展机会。以牺牲孩子的成长来换取最大限度的安全，这样是得不偿失的。

有一次，我们幼儿园招收了一个三岁半左右的男孩，当他跑步的时候，眼睛不知道向前看。有一天，当他又要向前跑而眼睛却看向侧面时，他直接撞到了玻璃门上，结果缝了一针。

如果这个孩子在一岁多的时候就这样向前跑而不知道向前看，他的头撞到了玻璃门上，结果会不会撞破呢？不会的。最多在碰到玻璃门的时候，弹回来，接着一个屁股墩坐在地上，头上起个大包，但是下一次再向前跑的时候，他就会知道眼睛一定要向前看，他就得到了这样的认识与经验。

我们得承认：磕磕碰碰是成长的一部分，成长是有风险的，而必要的风险是需要我们成人有心理能力承受的。成人要在孩子成长的历程中唤醒孩子的自我保护意识，而不是把孩子过度地保护起来，这样有可能给孩子带来更大的伤害。

有很多父母和我说："孩子小的时候喜欢待在窗帘里，有时我们外出就餐，孩子看见餐厅里有窗帘，也会把自己裹在里面。"

当孩子这样做的时候，父母往往很生气，因为他们担心孩子会把窗帘杆折断。

其实，孩子把自己裹在窗帘里只是觉得好玩，觉得这种窗帘里、窗帘外互相交换的方式很神奇，他们用这种有趣的方式体验着里面、外面的空间概念，他们并不知道如果用力的话就会把窗帘杆折断而影响环境。

在这个案例里，我们能做些什么来唤醒孩子的自我保护意识？我就设计了一个“布条树林”，当孩子钻在里面的时候，只要他一用力，布条条就会被拽下来。布条条被拽下来之后，拿在手里会有危险，所以接着我会请孩子把拽下来的布条条穿在后面的方格里，这样就会很安全。

这些布条条除了满足孩子探索空间的心理需求，还让孩子获得了“窗帘可能掉下来”这个真实的经验。以后如果孩子再把自己裹到窗帘里，当妈妈说“哦，请你出来，如果用力的话，这个窗帘杆会折断，窗帘会掉下来”时，小朋友就能够理解这句话了。

外在环境的有序会帮孩子建构生命内在的秩序。我们精心为孩子预备成长环境，最终目的是要为社会输送一批有序的、有美感的、有创造力的公民，设计出极具人性化的优质产品。

我们是什么，长大后我们就创造什么。过去我们制造的产品因为廉价遍布全球，但我们的目标不仅是遍布全球，而且要因高品质、人性化享誉全球，这样，我们的国家才能更好地立足于世界民族之林。

意志力的形成需要自律的空间

意志力是注意力的高级阶段。这种能力、这种品质是一个人一生热爱生活、热爱工作的根基。

如果一个孩子在未来能够用自己的天赋与才华去创造生活，他做什么不卓越？他做什么都会卓越。这样的人就具备竞争力，极具潜能。

活在当下，你才能极具创造力。如果不活在当下，老担心别人会不满意，我们就会被大脑左右，因为大脑会把注意力拉扯出去，我们就不能够最大限度地去与我们所讲、所传达的内容合一。只有活在当下的时候，智慧才能流淌出来。

有的幼儿园的老师教孩子们读儿歌，孩子们看上去是在学习，但这是语言层面的学习，不是建构语言层面的学习。一个妈妈抱着孩子在那里读绘本，妈妈的语音、语调、语气，妈妈拥抱的温暖，还有妈妈身上散发的爱的气息，都是阅读的一部分，小孩就享受阅读。

但我们经常认为只有在幼儿园，被老师教了才是学习。不，这是学习，但不是全部的学习。爸爸妈妈养育孩子最大的误区是觉得孩子玩沙、玩水、享受阅读不是学习，只有坐在教室里才是学习，今天我们要改变这个误区。学习不仅限于坐在教室里跟老师读拼音。孩子在玩耍的时候，不是老师要我做，是我自己愿意做，我享受做。这就是学习，这就是自律。

我们一定要给孩子很多自律的空间，如果总是他律的话，一旦有一天没有人管孩子，那就麻烦了。

很多爸爸妈妈一直管控孩子学习，这些孩子不是为自己学习，而是为爸爸妈妈学习。等他们上了大学，相当一部分人就什么都不学了，还有极少数的人整日躲在寝室里打游戏，打到手抽筋。因为在一路成长的过程中，他从来没有管理过自己，当有一天没有人管理他的时候，他就没有办法约束自己了。

家长又有顾虑了：“总是给孩子这么多自由，将来他上小学了，还这么自由怎么办？他就没有办法坐在教室里听老师讲课了。”

前面我提到过，一个孩子成长要有内因和外因，外因第一是要有一定的自由度，第二则是外在的物质环境预备。

我们国家学前教育大纲规定，幼儿园的小朋友每日在户外玩耍时间不得低于两个小时。但是我个人更希望一个孩子在户外时间可以达到一天最少四个小时，因为儿童需要这么多探索时间。

给越小的孩子越大的自由度

孩子生命里面有指引他发展的内在动力，蒙特梭利把它叫作精神胚胎，我把它叫作成长的内驱力。孩子本身就蕴含着一个成长计划，生命本身就有一个精神胚胎在指引着它发展。孩子要到外面去探索环境，让他忙忙碌碌为自己的成长做准备，同时把自己的大脑神经元建构好，这是孩子发展的需要。

可是我们成人更希望孩子安安静静地坐在小板凳上，不要到处乱跑，不要上蹿下跳。儿童的需求和成人的需求，儿童成长的需求和成人管理儿童的需求是不同的。

孩子成长的需求和成人管理孩子的需求，要照顾谁呢？当然要照顾孩子了！不要让一个孩子尝试去照顾成人。

孩子生命里边可以听到两个声音，一个声音是内在的发展和指引发展的声音，另外一个声音是老师让我小手背后面坐好的声音。

孩子什么时候可以听到老师的声音，什么时候更容易听到内在的声音呢？这是由孩子的年龄段来决定的，越小的孩子越容易听到内在的声音，越大的孩子越容易听到成人的声音。

一个 7 岁的孩子和一个 2 岁的孩子，在不把孩子绑起来的情况下，7 岁的孩子是更容易控制的。因为大小孩容易听到你的声音，小小孩更容易听到内在指引他发展的那个声音，即精神胚胎的声音。这个年龄节点基本上在 6 到 7 岁。

我们最基本也要让孩子度过四岁半才开始强调纪律，因为四岁半之后的孩子才能够勉强配合你，听从你的指令。越小的孩子给他们的自由度越要大。

小的孩子能够听到内驱力的指引发展自己，这是大自然赐予儿童成长的能量。一个老师总是阻止孩子活动，总想办法让他们坐在小板凳上，其实是在跟大自然赋予儿童的成长能量做斗争。通常这种情况下，不是老师疯了，就是小孩疯了。

如何去化解这个冲突？就去做一件事情，给孩子预备环境，解放孩子，让孩子想干什么就干什么。大人只需要在一旁观察，适时地给予帮助。老师发现螺丝手工对孩子来说容易了，明天把它变得更难一点；发现孩子的工作需要协助，那就去协助。经由模式的改变，把大自然赐予儿童成长的能量转化成支持孩子成长的动力。我们就恰到好处地运用了这个能力、这个能量。

我们不要跟能量做斗争。简单地阻止孩子，不仅孩子痛苦，老师、父母也痛苦。好比如果一直是6月发大水，那我们在2月就要挖水渠，把能量引到低洼的地方，如果只是一味建堤坝，总有一天洪水会导致决堤的。

提升注意力品质，降低孩子上瘾的可能

有些家长说：“丽红老师，我家小孩要玩手机的话，两个小时都不动的，可专注了。”

小孩玩手机时的专注力是不恰当的、不合适的。玩手机的时候，手机里声电光的刺激让孩子被吸引，这种注意力叫被动注意。被动注意是注意力很浅的部分，是连动物都有的本能。给小狗一个电动玩具，小狗也会被吸引。

当小孩剪纸、玩沙的时候，他投入的注意力的品质就要高，因为这个注意是有意注意。

被动注意和有意注意的关系是什么？

当小孩沉浸在手机的声电光刺激中的时候，他自动会被吸引。但当孩子投入工作，比方说剪纸、爬土坡时，他必须

全神贯注，因为不投入更多注意的话，就没有办法完成工作。有意注意和被动注意的意识投入程度不同：如果不需要投入很多意识，自由意志、注意力就会变弱；如果投入很多意识，自由意志、注意力就会变得更强。

经常看电视、玩手机会使感官被过度刺激。孩子在婴儿阶段，你尽量要给他喝白开水，如果给他糖水，他的味蕾被过度刺激了，他就不愿意喝白开水，只愿意喝糖水。就像成人如果经常吃口味重的菜肴，就不愿意吃清淡的食物一样。

同理，如果孩子经常看手机、玩手机游戏，过度刺激感官，他就不愿意再去选择剪纸、玩沙、玩水这样需要主动投入很多注意力的活动。这样，孩子注意力的品质、自由意志、自我意识就会一直处在低维度的状态里，这对孩子的生命发展是不利的。

如果我们的孩子一直进行有意注意的活动，孩子的自我意识、自由意志、注意力的品质因此会变得更强大，孩子就会充满生命激情。当生命充满激情的时候，孩子自然会敢于挑战、敢于冒险，这样他的生命就会极具潜能、极具生命力。当孩子缺乏有意注意的活动，他的自我意识、自由意志、注意力的品质就会变得薄弱，就会缺乏生命激情，就会选择舒适与无聊。

在孩子三岁前，你不要给他看动画片，也不要让他接触手机。如果你的孩子上小学了，一个星期可以给他一次玩手机的机会，一次两个小时，一下玩过瘾。千万不要跟孩子设置这样的规则——比方说每天玩 20 分钟。每天玩 20 分钟的话，游戏刚开始就结束了。这样孩子就会形成心理匮乏的状态，会形成心理黑洞，永远不满足。

有的家长会设置这样的规则——如果孩子在晚上九点之前写完作业，就可以玩手机。但是孩子能不能在九点之前写完作业是孩子能决定的吗？作业的多少和难易，孩子都无法掌控，这会让孩子很痛苦。孩子如果不玩手机，与其他孩子格格不入，他也会痛苦。因此我们给他玩手机，既要满足他，又要限制他。

如果你的孩子一会儿不玩手机就浑身难受，总是想找个法子把你的手机弄到他手里玩一会儿，离开手机立刻觉得好痛苦，无所事事，不知道去找些事做，比方说看一些书，或者去跟小朋友玩耍，就说明他有一定的上瘾的问题了。

上瘾就是对一件事厌恶并渴望。最深程度的瘾是赌瘾、毒瘾，这两种瘾非常可怕。瘾凌驾于我们意志力以外，很难用意志力掌控，尤其是吸毒。赌博的人赌完以后，也是特别痛苦的，恨不得拿把刀把自己的手指头剁了，可是当瘾上来的时候，他们无法控制，这就是厌恶并痛苦。上瘾精巧地掌控了我们生命的多巴胺，收割快乐，囚禁时间。

凡是让你上瘾的东西，必定会给你带来痛苦。浮华快感的背后其实是我们未经审视的空虚。

在家里忙碌了一天以后，你躺在床上说“我就看 5 分钟手机”，最后一不小心就看了 50 分钟。本来你 11 点上床，11 点就能睡觉了，结果你一不小心玩了 50 分钟，到了接近 12 点，你又开始痛苦。**每个时代都有它的困境，我们今天的困境是无聊。**

20世纪60年代我们的困难是什么？是如何让我们吃饱、活下来。20 世纪七八十年代我们的困难是什么？是如何让自己的家更富裕一些。过去我们去上班，要靠步行或者骑自行车，现在一踩油门就到了，我们的双脚被解放了；过去我们吃个馒头得自己蒸，现在外卖送到家；过去我们不学地理的话，没有办法从广州去往北京，但是现在看手机导航就可以解决，坐高铁一下子就到了。我们的双脚、双手还有头脑都被解放了，我们拥有了大量的时间。

如何经营宝贵的时间？我们必须提升自己，才能够驾驭时间和金钱。无论是贫穷还是富有，我们必须找到生命的意义。

如何让孩子在无聊的状态下能够找到生命的意义？

每个人都必须找到爱，都必须体会被爱，爱自己，爱他人，爱社会，然后服务于这个世界。如果没有体会过爱，就容易迷失，因为他找不到生命的意义。

为什么孩子到了青春期后，要带他们去做义工？如果他们体验到被人需要、造福于人的感觉，就不容易沉迷于游戏，他们愿意将时间花费在与他人、与世界互动上，而不是在追求感官刺激上，这样他们长大后就不会去赌博、吸毒……

当儿童在自由中恢复了对事物产生兴趣的天性，并在过程中实现了自己的意愿，他的内在就有了掌控自己人生的驱动力，这就是意志力逐渐形成的过程，也是不断实现意志结果的过程。儿童便是在这样自由的探索中,形成了自律的品质。

第三节

给孩子设置规则

父母支持儿童身心发展的三个要素是：第一，给孩子自由探索的空间；第二，提供与内在发展相匹配的外在环境；第三，设置相应的规则。

如何设置相应的规则我已经在第四章中提及了，这里我再说一下，如何在设置规则的同时，协助孩子发展自身。

我收到过一个妈妈写的求助信，信上说：“丽红老师，请帮帮我。上周我儿子和我要了一件礼物，要800元，孩子说这次的礼物买了以后，今年就不再买了。我同意了，并让孩子承担400元，以后每周孩子都要到我的店里去打工来还这400元，另外每周的牛排餐也要取消，孩子同意了，我们还签了协议。这样的方式可以吗？这400元以怎样的方式还给我更合适？儿子今年十二岁。”

我认为这不是最佳方案。

这个孩子从表面上看只是想买一个礼物，但透过这个方案，我总感觉到这个孩子想要这个礼物的心态有些急切，急切到了迫切的程度，迫切到妈妈提什么样的条件都愿意答应。首先，他答应买了这次礼物以后，今年内都不再买礼物，这个代价是极大的，因为今年还有六一、生日、春节……其次，每周都要到店里打工，也不能再吃牛排，到底多久不能吃牛排也不知道，反正他同意了，还签了协议。这变相给了我们一个信息，就是这个孩子的延迟满足能力是弱的。

什么叫延迟满足能力？

延迟满足能力是指一个人抑制自己的即时欲望，选择等待更长时间，以获得更大回报的能力。

一星期五天上学时间，我的小学里，一到五年级的孩子分别有一个中午看电影，一个中午可以到绘本馆去借书看，其他三天要在寝室里休息。我在星期一的时候就把这一星期的安排都贴到宣传栏里。基本上一、二年级的小朋友，大部分都会选择第一天看电影，第二天去阅读，第三天、第四天、第五天睡觉。但是四、五年级的孩子有的会选择星期四看电影，有的选择星期五看电影。这是因为小一点的小孩的延迟满足能力普遍是弱的，大一点的孩子，延迟满足能力相对来说是比较强一点的。

为了培养低年级孩子的延迟满足能力，我让多功能室星期一播的永远都是新闻，低年级小朋友一进去就说："怎么是新闻？"他们痛苦极了，但即使痛苦，他们也得在那里忍着，如果他选择离开，就只能到寝室去睡觉，这一次看电影的机会就浪费掉了。到了下一星期，孩子们好了伤疤忘了疼，又一头扎进了多功能室去看电影，但播的还是新闻。

孩子说："怎么这么倒霉，又是这个。"

到了第三个星期，小朋友就会说："我去看看这一星期其他时间都放什么视频，不想再看新闻了。"

他们就有可能选择星期几？会选择星期二。星期二永远都是同一部电影，比如《白雪公主》，这一学期都是《白雪公主》。孩子看来看去痛苦不痛苦？痛苦。有些孩子就开始星期三再看电影。

推后两天这一行为说明孩子已经初步具备延迟满足能力。

回到前面那个妈妈的问题。如果妈妈先把礼物给孩子，结果孩子星期天不愿意去店里打工，妈妈就会陷入被动。有的家长说，那就把给他的礼物再要回来，但这样妈妈和孩子之间就会产生巨大的冲突。当你给他买礼物的时候，他觉得妈妈真好，可是当你把礼物要回来，他没有为自己行为负责的时候，他会不满，甚至会愤怒好多天，这样你们之间的关系就埋下了隐患，这是没有必要的。孩子即使去你的店里打工了，不认真又能怎么办？有很多后续问题。

如果孩子对你说："妈妈，我想买这个礼物。"

你把他叫过来，说："孩子，可以的，那你要承担400元。妈妈给你400元，这400元你要还我，你以后要到店里去打工。你打工的工资，还有每周吃牛排的50元，我都让你攒着。这样我们攒到400元的时候，妈妈立刻就会帮你添上400元，帮你买这个礼物。"

当孩子要去打工，我们就要找一个店，告诉孩子合格得30元，良得40元，优可以得50元。

孩子在那里打零工，等到工作完以后，店长点点头说："干得不错，给你30元钱。为什么今天没有达到良呢？因为你没有擦桌子，我只能给你打一个合格，给你30元的工钱。”

我们必须找店长来处理这件事，如果你自己的店特别小，你就让孩子到朋友那里去打工，钱你来掏。为什么要找店长或者到朋友的店里？因为如果孩子觉得他应该得良，可你只给他合格，他就会生气。不要在我们和孩子的关系里储存冲突，尽可能多储存一点让孩子开心、愉快的事情。

当孩子拿到 30 元工钱的时候，孩子开不开心？开心！下个星期要不要去打工？要不要卖力干？要不要加油干？他越迫切地想得到礼物，就越需要让自己行动起来，这就叫为自己的梦想、为自己想要的礼物负责任。

有很多孩子特别迫切想要礼物，迫切到想让妈妈来承担，如果妈妈帮他买单了，最后他没有做到，他就没有为自己负责任。

愿望过多，梦想过多，行动力却很少，会让孩子进入更深的无力感、无助感和挫败感之中。梦想与行动比例要恰当，如果不恰当，梦想越多越麻烦。

孩子上一次赚到了 30 元，这一次赚到 40 元，一共攒了 70 元，他要把这些钱保管好，这也培养了孩子保管自己物品的能力。

他拿着 70 元不能花，即使看到最爱吃的冰淇淋，也得忍着。如果他把这70元花了一部分或者全花掉，那对不起，妈妈就不会再为他买这个礼物，或者要等到很久才能买到这个礼物。这时候孩子立刻就会为自己的行为负责。

如果孩子做得很好，店长就告诉他："今天你地拖得很干净，垃圾也倒了，垃圾桶都洗得很干净，桌子也擦得很干净。我检查了一遍，这一次我给你个优，你得到了50元。"

孩子拿到50元，他会感觉很有成就感，劳动很快乐，我们就会在孩子的生命里建构出成就感及自信。这样，无论他花了钱还是没有花钱，我们都在帮助孩子负责任，帮助孩子成长。

如果妈妈先给孩子买了礼物，会带来什么麻烦？孩子今年内都不能再买礼物。

六一儿童节时，孩子说："妈妈，我想要礼物！"

妈妈说："对不起，不能买礼物，因为你上次答应过我了。"

孩子说："真倒霉！"而且他六一倒霉、生日倒霉、春节倒霉，这样的倒霉要持续一年。

如果你让孩子星期天去打工，孩子说："真倒霉。"他积攒了很多失望、很多倒霉、很多痛苦。

之后某天，孩子说："妈妈，我想吃牛排。"对不起，牛排也取消了。

不停储存倒霉、储存失望。在这个过程里只有一个环节是惊喜的，那就是得到礼物的瞬间。后面无穷无尽的日子里，都是倒霉，都是失望，都是痛苦。

如果让孩子通过自己的劳动获得钱，孩子每一个历程都享受到喜悦：第一次赚了 30 元，喜悦。第二次赚到 40 元，喜悦。今天不吃牛排了，妈妈说："我把买牛排的 50 元给你！"孩子又攒到一笔钱，喜悦。等到最后得到这个礼物的时候，是一个巨大的喜悦。

孩子拿到 400 元的时候说："妈妈，我攒到 400 元了。"

妈妈说："我要祝贺你。"

从做决定到买到礼物，过程中不停储存喜悦，这样，妈妈不仅解决了问题，还帮助孩子建构了成就感和自信。

如果你想让你的孩子健康成长，在孩子小的时候你就要为孩子准备自由探索的空间，提供与孩子内在发展相匹配的环境，并设置相应的规则。

如果这三个要素都缺失了，孩子会怎样呢？女孩容易夹腿，男孩容易摸自己的生殖器。如果儿童的生命成长激情不用来发展自己，能量就会经由这样的方式流淌出去。这并不代表孩子在道德上有问题，因为孩子在子宫里没事干的时候，就会吃吃手指头、摸摸自己的生殖器了。

还有小孩会入睡困难，睡半天也睡不着，出现这种情况也是因为发展不充分。如果孩子出生以后发展充分，这些行为就会消失。发展充分不只是带孩子到户外奔跑，还要让孩子在安静的时候能够出现全人格状态投入，这样才是转换能量最好的方式。

完整人格是一个庞大的系统。

很多人都容易有个误区，孩子3岁就只关注3岁，5岁就只关注5岁，10岁就关注10岁，其他一概不管。但一旦孩子上小学出现了问题，就说都是幼儿园没有教好；孩子上中学了，出现问题，就说都是小学没有教好；到了大学出现问题，就说都是中学没有教好。

到底是哪个阶段没教好呢？

孩子的成长是系统性的而不是阶段性的，作为老师会更容易关注某一个阶段，因为孩子上学的历程是阶段性的。那谁为孩子成长的整个系统负责呢？只能是父母，因为陪伴孩子一路成长的就是父母。

无论孩子是5岁、10岁、15岁，还是已经大学毕业，父母都要了解生命这个系统，既要了解孩子大的时候，也要了解孩子小的时候。如果孩子刚出生的时候，我们就很清晰地知道孩子从出生到成人是怎样发展的，我们养育孩子的时候就会更从容。

附录

丽红老师接受央视专访问答

问题 1

问：看了丽红老师你的简介，发现你学了大量的心理学。你是做学前教育的，为什么会学那么多心理学呢？

答：教育学和心理学是不能分家的，因为不论是老师还是父母，我们都是跟生命打交道的。而且，不管你懂不懂心理学，心理现象都在发生。

很多年前我们并不知道地球是有引力的，可是地球引力依然发挥作用，只是你不知道而已。有一天我们懂得了地球引力，我们发明了火箭，火箭向上飞行的动力大于地球的引力，火箭就可以脱离地球的引力飞到太空中去，这就是了解规则以后对规则的驾驭。

如果父母能够懂一些心理学知识，了解一些心理现象发生的原因，我们就可以最大限度地支持孩子的成长。

问题 2

问：我看到幼儿园里有一个电话亭，这个电话亭真的可以打电话吗？

答：可以的。除了这个电话亭里装了电话，霍比特人小木屋里也有一部电话，它们都是内部电话，与保安室的内部电话之间是可以相互拨打的。

孩子们通常都特别喜欢打电话，他们很好奇：电话里的声音是怎么来的？这个声音是真的吗？一旦发现他们自己与这些真实的声音可以相互沟通，他们就会无比兴奋与喜悦。

在家里，为了满足孩子，妈妈们一般都会给孩子买一部玩具电话，但是玩具电话里是没有语言互动的。如果给孩子使用真正的电话，第一，会打扰到别人；第二，会浪费电话费。于是我在设计幼儿园的时候，特意在霍比特人小木屋里装了一个内部电话，同时还在院子里设计了一个电话亭。这样当一个小朋友在小木屋里拨打电话时，电话亭里的电话就会响，而附近的小朋友听到电话铃声自然就会去接听，然后两个人就可以开始聊天了。不仅如此，他们还可以拨打保安室的电话，与保安爷爷聊天。

这样的设计，不仅给小朋友创造了一个空间，满足了他们对电话的好奇心，还解决了妈妈的后顾之忧，于无形之中提升了孩子的语言表达能力和沟通交往能力。

问题 3

问：别人的孩子都在学钢琴、学跳舞、学画画，而我们的孩子天天这样玩，以后社会压力那么大，他们能适应未来的发展吗？他们能竞争过报了很多兴趣班的孩子吗？

答：很多爸爸妈妈在孩子才三四岁的时候，就开始给他们报各种兴趣班，这当然是出于父母对孩子的爱，但是，爸爸妈妈们却忽略了一点，那就是孩子有他独特的身心发展特点以及独特的成长节奏。

儿童不是成人的缩小版，他们大脑的神经元系统庞杂而又连接得不够完善。这就需要孩子在 0 到 7 岁的时候进行大量的感觉体验活动，以此来促进神经元的连接，同时还要在充满爱的环境中成长，以获得足够的心理营养，从而建构一个强大的自我。

0 到 7 岁是孩子一生中唯一可以均衡发展的时期，如果我们在这个阶段花费大量的时间去学习某种技能，就会耽误掉孩子很多感觉体验活动的时光，这段时光一旦错过便很难弥补。

现在没有任何一种技能可以让孩子永远地适应这个社会，除非内在能力的成长。未来竞争压力固然很大，但不能把它过早地放在孩子身上。父母应该把 0 到 7 岁的孩子保护起来，并给予他们一个空间，让他们充分地建构好自己的心理、身体、情绪、感觉以及认知模式，这样他们长大以后就会具有竞争力。

等到六七岁，当孩子内在的心智模式完全都建构好的时候，他们就可以去学一些外在的技能了。比如报一个兴趣班。尊重儿童身心发展的特点，按照这样循序渐进的方式去陪伴孩子成长，是比较科学的。好比决定一棵小树未来能否长成一棵参天大树的并不是它现在的高度，而是它的根系扎得是否足够深。我们当然知道大树有一天要去抗风雨，可我们依然会把还未长大的小树苗保护起来，并耐心地等待它的根系足够强壮发达。

父母养育孩子也一样需要这样的耐心，有一句话说得好："守望生命，陪伴成长。"我邀请爸爸妈妈们爱孩子一定要掌握好方法，一定要科学，只有这样才是对孩子成长最大的支持。

问题 4

问：在幼儿园里，小朋友要自己铺床，自己叠被子，自己取餐，自己归位那么多物品。孩子还那么小，他们能做得好吗？

答：无论父母，还是老师，我们都渴望孩子独立、阳光、自信、能干……这些品质不是教导出来的，是需要在生活的点滴小事中习得的。

其实，孩子远比我们成人想象的要能干得多。在这个幼儿园里，孩子午睡前要自己取防寒垫，自己取被褥，然后选择自己喜欢的位置就寝，同时还要把衣服、鞋子放在指定的地点。小朋友就餐时要自己取复杂多样的餐具，用完餐还要按顺序归位……

孩子就在这点滴小事中学会了独立，习得了自己照顾自己的能力。

幼儿园的餐桌有一个恒温加热的小电锅，这样即使小朋友吃得很慢，也不用担心饭菜会凉了。幼儿园的汤锅可以旋转，当勺子进入自己的区域，就意味着小朋友可以有权利选择这道菜了，这样精心的设计更容易让孩子遵守进餐的规则和礼仪。进完餐孩子要自己把椅子挂在餐桌上，这样会便于后勤工作人员打扫卫生。成人尊重孩子，孩子也学会了尊重成人。

学会照顾自己、照顾他人、尊重环境，就是孩子在0到6岁这个年龄段最重要的学习。

问题 5

问：亲子园虐童事件闹得沸沸扬扬，家长们为此很痛心、很愤怒，不知丽红老师你如何看待这件事情？

答：当这样的事情发生时，儿童的确受到了伤害，家长更是感到痛心与愤怒，但这件事情的原因不能只归咎于监管力度与老师素养两方面，我们还得考虑儿童身心发展的特点与亲子园保育模式的冲突。

儿童不是一个空罐子，也不是一张白纸，而是一粒种子。这就意味着，第一，儿童生命内在的精神胚胎本身就蕴含着一个成长计划，所以你会发现，孩子不用你教，他便会按照自己的节奏翻身、坐、爬行、直立行走……接着，孩子会用所有的精力与注意力探索并认识这个外在的、物质的世界，而成人要做的就是给孩子一定自由与安全的空间，同时提供一个与孩子内在发展相匹配的生活、学习环境。

第二，种子成长过程中的力量是不可小觑的，儿童也一样，大自然赐予了儿童成长中所需要的旺盛的精力，所以古语有云：“周半周半，掏坛摸罐。”

基于这两点，我们在儿童的发展与亲子园的保育模式上就要做平衡。大家都知道，如果洪水来了，我们要做的不是筑堤坝，而是挖水渠，把它引到该去的地方，从而让这种能量变成建设性的能量，否则它就会变成破坏性的能量。

孩子成长的最初几年，面对外界未知环境充满好奇，同时又不知疲倦地去探索。我们成人首先要做的就是观察。孩子对插座感兴趣，那我们就把低矮的插座用透明胶带封上，然后找一些带有大大小小洞眼的木制玩具供孩子们探索玩耍。

记得曾有一位妈妈跟我抱怨说：“今天我气死了，孩子一大早拿剪刀把被单剪了一个洞！”我反问这位妈妈：“如果孩子在家里不剪被单，你认为他可以剪什么？”这位妈妈想想说：“衣物不能剪，窗帘不能剪……的确找不到什么可以剪的物品。”

智慧的妈妈如果发现了孩子的这个行为，便可以到裁缝店找一些各式各样的废布条放在托盘里，然后告诉孩子：“这些可以剪，床单不能剪。”儿童是很乐意遵守规则的，他们用剪刀剪布料还可以锻炼手部肌肉的力量，为握笔做准备。我们就顺应了儿童的发展规律，将能量引到了支持儿童成长上，从而把儿童的探索行为转变得更加富有建设性。

如果亲子园的老师只是把孩子固定在小椅子上去教一些儿歌、手指谣等，那么这种教学模式就会与儿童内在成长的探索能量相冲突——孩子要去探索环境，成人担心孩子的安全，便要孩子坐在小椅子上，所以把孩子拉回来。如此反复纠缠，成人到底在和什么抗争？其实，就是在和孩子成长的能量抗争，而这股能量是大自然赐予儿童的。这个纠缠的历程不仅妨碍了儿童的成长，也让成人精疲力竭，最后便会导致儿童易怒烦躁，甚至做出偏激的行为。

所以，要想解决“虐童”的行为，除了要加强管理、提高教师素养，还要优化我们的亲子园保育模式，让教师们可以遵循儿童身心发展的特点，守望生命，陪伴成长！

问题 6

问：现代社会越来越文明有序，你是如何让小朋友遵守规则的？

答：越文明的社会，越自由有序，在教育中让孩子意识且做到这一点很重要。曾经经历过的一件事情让我对此很有感触。

有一次，我坐动车去出差，即将停靠在一个站点时，有一位男士要去取行李架上的行李，由于行李比较重，个子不够高的他就穿着鞋子踩在座位上，努力地将行李取了下来。等他离开后，望着座位上布满灰尘的一双大脚印，我取出纸巾，仔细擦拭干净。

当我重新坐在座位上时，我陷入了思考：为什么我们一路求学十几年甚至二十年，却学不会在生活中照顾他人、照顾环境？这个问题让我在设计幼儿园时产生了灵感，我让设计师在墙上设计了长度不同的彩色管子，当小朋友用手去拍打时，管子就会发出高低不同的声音，小朋友非常喜欢。

设计师设计这些管子时，本打算让它离地的高度为 1 米，而我请设计师调整为 1.5 米。

设计师说："丽红老师，这么高小朋友就够不着了。"

我说：“我会请他们站在椅子上的。”

设计师听后哈哈大笑，不解地说：“站在地上多方便呀，站在椅子上既麻烦又不安全。”但是他照做了。

我很感恩这个设计师，他遵守了我们的约定：设计服务于教育，教育尊重于设计。

孩子们很喜欢这个彩色管道，如果他们想玩，我会邀请他们脱掉鞋子，踩在椅子上去拍打管子。这样经过3到4年幼儿园的生活，孩子们就会养成一个习惯：如果要踩在椅子上，就需要把鞋子脱掉。

再举个例子，我在幼儿园的楼梯中间设计了一些有趣的符号，这些有趣的符号就成了上下楼梯的分界线。我们请小朋友在上下楼梯时靠右行，很可能小朋友并不理解走哪里才是合适的，现在只要告诉他走在这些符号的右边他就明白了。有一天，等孩子长大，尽管楼梯上已没有上下的分界线了，但是他们已经感知到靠右行的空间感觉了，上下楼梯靠右行的习惯在幼儿园生活中便慢慢养成了，而这些生活中的小细节正是一个人一生综合素养的根基。

文明素养不是教导出来的，而是在生活的点点滴滴中润泽出来的。

问题 7

问：丽红老师，可以送给我们年轻的父母们一些育儿建议吗？

答：首先我们要把夫妻关系经营好。

在现实生活中，我们经常看到一些年轻夫妻在做了父母以后，便把注意力放在了孩子身上，其实这样是不科学的。对于年轻的父母来说，最好的方式，便是在拥有了“爱的结晶”以后，依然将一部分注意力放在伴侣身上。因为如果夫妻关系和谐圆满，由此散发出的爱的能量，本身就可以滋养到孩子的成长。而在一对斗争的夫妻眼中，是看不见孩子的。所以，年轻的父母一定要为了孩子经营好夫妻关系。

在如今的家庭教育中，父母的状况大致可分为以下四种：

第一类父母，愿意为孩子花钱。

第二类父母，愿意为孩子花时间。

第三类父母，愿意为孩子学习，这类父母是令人欣赏的。有人说，开车都要考个驾照，更何况是为人父母呢？养育孩子真的非常需要学习，如果不学习，年轻的父母们就会用他们父母养育自己的方式来养育孩子，这样的养育就会有局限性。

第四类父母，愿意为了孩子修为自我，这也是我个人最为欣赏的一类父母。有一句话讲得好：“养花先养土，养鱼先养水。”智慧的父母都深深地懂得教育其实是父母的一场自我修行。要知道，影响一个孩子的成长因素，25% 源于学校，5% 来自社会，而 70% 源于家庭。所以，在此，我想对年轻父母们发出特别的邀请：为了孩子，修为自我！

整个社会都在关注儿童教育，因为儿童是家庭的未来、社会的未来、世界的未来。从事新教育正是基于我们对孩子的爱和敢于承担社会责任的魄力，这种精神彰显着一种纯粹的人格力量！源于爱自己而创造一种情怀，源于爱他人而创造一种生活，源于爱世界而创造一种新的人类文化和成长景象，让我们带着爱和支持给予孩子一个金色的童年，相信孩子定会还给我们一个金色的未来！